池塘里的那些事儿

——养好池塘就是养好了南美白对虾

林文辉　苏跃朋　著

中国农业出版社

图书在版编目(CIP)数据

池塘里的那些事儿:养好池塘就是养好了南美白对
虾 / 林文辉,苏跃朋著 . —北京:中国农业出版社,
2017.12(2024.1重印)
ISBN 978 - 7 - 109 - 23621 - 9

Ⅰ.①池… Ⅱ.①林… ②苏… Ⅲ.①对虾养殖
Ⅳ.①S968.22

中国版本图书馆 CIP 数据核字(2017)第 300097 号

中国农业出版社出版
(北京市朝阳区麦子店街 18 号楼)
(邮政编码 100125)
责任编辑 肖 邦
文字编辑 张庆琼

北京中兴印刷有限公司印刷 新华书店北京发行所发行
2017 年 12 月第 1 版 2024 年 1 月北京第 10 次印刷

开本:720mm×960mm 1/16 印张:15 插页:2
字数:240 千字
定价:39.80 元
(凡本版图书出现印刷、装订错误,请向出版社发行部调换)

前言

近几年来,整个南美白对虾养殖业普遍存在"前期养不活(EMS[①]),后期长不大(僵苗)"的现象。究其原因,问题应该出在管理上,即滥用投入品,尤其是"肥水"不当,是造成南美白对虾"难养"的主要因素。

"肥水"的目的是建立生态系统,但如果"肥水"不当,藻类、细菌生长过快,不平衡,不仅无法建立良好的生态系统,还会导致系统紊乱,造成池塘水体产生弧菌、病毒、藻毒素、氨氮、亚硝酸、硫化氢等问题。

君不见:快速肥水,污染池塘,导致 pH 变化过大,氧化还原电位太低,底部恶化,病原、毒素产生。出了问题就要解决,那就是改底、解毒。如果用药剂量不足,改不过来,解不彻底,对虾就"EMS"了;如果剂量够大,改了底,解了毒,但对虾也中毒了(是药三分毒,世界上没有"无毒"的药物),成了僵苗,自然是长不大了!任凭你怎么保肝、护肝,也无济于事。

流行病一定与流行养殖模式相关,这些年我们流行什么养殖模式?请广大养殖户静下心来好好反思一下:好好一塘水,为什么会动

---

① EMS:Early Mortality Syndrome,早期死亡综合征。

不动就产生弧菌、病毒、藻毒素、氨氮、亚硝酸、硫化氢等问题？就是胡乱"肥水""补碳""改底""解毒"，来回折腾导致的。

回想20多年前，南美白对虾养殖刚进入我国的时候，我们大多数养殖者基本还不认识南美白对虾是啥，一切几乎都是空白：亲本是海上捕捞的，没有一代苗，也没有"SPF[①]"，几乎都是野生苗；饲料是替代的，或在斑节对虾的基础上生产的，没有南美白对虾的营养师或配方师；至于动物保健，根本就没有养水、调水的概念；虾病根本没人懂，更谈不上预防；技术也是空白的。但是，当年"敢吃螃蟹"的，都"发财"了，南美白对虾养殖所带来的效益是空前的。就是一点经验都没有的也能赚到钱，于是大江南北掀起了南美白对虾养殖热潮！

二十几年过去了，我们每年都有育种专家推出的优质、健康、"SPF"的一代苗；我们有二十几年研究成果集成的营养全面、保健功能丰富的饲料；我们有涵盖预防、治疗所有南美白对虾病害的药物，解决所有水质问题的方案和产品；我们有连南美白对虾营养师都没想到的补品；二十几年我们造就多少一流的养殖高手，我们积累了如此丰富而全面的养殖技术……尽管我们拥有这些看似能解决所有问题的经验再加上现代化的科技手段，各种先进仪器、设备、互联网，但整体养殖效果，却是那么不尽如人意！

可以说，种苗、饲料、药物、动物保健产品、技术乃至现代化手段，都重要，也都不重要！你只要按照南美白对虾的需要，提供一个适合南美白对虾生存生长的环境，它就能安然生存、生长！

走多了，看多了，也就明白了：谁拥有适合于南美白对虾养殖的"水土资源"，谁的成功概率就高，谁就有可能成为"高手"。技术是用来解决问题的，没有问题谁还需要技术！如果没有了资源，环境都恶化了，

----

① SPF：Specific Pathogen Free，无特异病原虾苗。

再高超的技术,恐怕也无济于事!因为技术的背后,还需要代价——成本。

　　所以,南美白对虾养殖成功的关键是拥有适合南美白对虾生存、生长的水土资源;其次是懂得南美白对虾的环境需求,同时了解自己的池塘土质、水质属性并懂得调整的技术;最后才是好的种苗饲料以及养殖管理经验。

　　这本书,我们就来聊聊池塘里的那些事儿。仁者见仁,智者见智,讲得不对之处,也请各位读者见谅。本书的出版得到了广东省科技计划项目(2016A0200227016 和 2017B090904022)的资助,特此向支持本书出版的单位和个人表示衷心的感谢。

编　者

2017.10

目 录

第一章　水质调节

第一节　水质属性

首先，我们来谈谈水。

养鱼八字法当中的第一个字就是水，养虾先养水也人尽皆知。然而，真正懂得"水"的，又有几人？

如果说，天底下没有两块完全相同的土壤，那么同样，天底下也没有两个完全相同的水体。

大凡种地的农民都知道，不同的土壤适合于种植不同的庄稼。同样，不同的水体最适的养殖品种也不同。

在不同的土壤中种植相同的植物，由于土壤不同，需要施的肥料也不同；同理，养殖同样的动物，不同的水体，所需要的投入品也不同。

不同的土壤，决定了不同的植被。不同的水体，组成生态系统的藻类、细菌也不同。同一种肥料，在不同的水体中培养出来的细菌、藻类也不同。

种地的人，可以测土施肥，科学种植。前提是懂得土壤的属性，同时也懂得植物的需求。

养虾的朋友们，你们懂得水的属性吗？你们知道虾对环境的需求吗？尽管我们也强调测水调水，那测什么？调什么？如果你既不懂水，也不懂虾，你怎么能做到科学养殖呢？只能说是瞎养！

最让人不寒而栗的是，整个水产界帮你调水的"技术员"其实没有几个真正懂水！这无异于盲人扶着盲人过马路！

水的组成是千变万化的。

自然界没有不含矿物质的"纯净水"。当水蒸气在大气中形成雨滴的时候，清洁大气中的氧气、氮气、二氧化碳，污染大气中的各种氧化物如二氧化硫、氧化氮、二氧化氮，各种气溶胶如PM2.5等就溶解到雨水里了。

当雨水落到地面，与土壤、岩石接触后，又溶解了其中一些矿物质。这些雨水或汇成径流，形成江河，最后回到大海；或渗入地下形成地下水，或驻留于地下，或形成泉水，最后也回到大海。

水在运动过程中，接触过什么土壤、岩石，都会留下"印记"，经历的不同，导致水体组成的差异。反过来说，水的差异，是因为水体所含的矿物不同。

所以说"水是一种流动的矿床"，或者说，水是一种流动的"土壤"。

理论上，水中含有地球上所有的物质，包括所有元素、天然或人工的化合物，只是浓度不同而已。

一般来说，雨水的平均盐度大约为 0.003，地表水为 0.03，地下水为 0.3，河口水为 3，海水为 30，有些盆地卤化水可高达 300。

尽管水体中含有各种矿物质，但大多数矿物质溶解度很低。构成上述盐度的主要离子为：钙、镁、钾、钠离子，以及碳酸氢根、碳酸根、硫酸根和盐酸根离子。在海水中，上述离子的总和（重量）构成海水盐度的99.8%。

第二节　水质属性和池塘生产力

虽然说"有水到的地方就有鱼虾"，但是，从生产角度讲，并不是所有水体都适合养殖。这里牵涉效率问题。就像所有土地都可以用来种庄稼，但是，有些土地由于"太瘦"而没有利用价值。

和土壤一样，不同水体，生产力也有所不同。生产力高的水体，可以高产，生产力低的水体，虽然也可以高产，但必须付出更高的代价或成本。

例如，我们年头挖个池塘，放水，放些鱼苗，不去管它，年底就有鱼抓了。关键是，能有多少产量？

根据前人对水库湖泊生产力调查研究的数据，产量是毛生产力的 0.1%～0.7%。我们按 0.5% 计算：假设我们池塘的平均毛生产力是氧 8 克/（米²·天），即碳 3 克/（米²·天），这样，一年的亩[①]产是：$3 \times 365 \times 666.67 \times 0.5\% \div 15\%$[②]$\div 1\,000 = 24.33$（千克/亩）。

[①]　亩为非法定计量单位，1 亩≈666.7 米²。

[②]　15%是活鱼体的碳含量。

如果我们池塘的生产力是氧 16 克/（米^2·天），则亩产是 48.66 千克。很明显，生产力决定产量。

当然，有人说，生产力低的水体，我们可以通过投饵来提高产量。这话没错，问题是，我们能投多少饲料？

假设我们用很好的饲料，每千克饲料可以生长 1 千克鱼。1 千克饲料含碳大约 500 克，1 千克鱼含碳大概 150 克，所以，每投 1 千克饲料，池塘必须能提供氧（500－150)/12×32=933.33（克）。

生产力低的池塘有多少剩余氧（我们先假设池塘不留氧债），亩产 24.33 千克的池塘的剩余氧是 24.33×15％÷12×32=9.732（千克）。因此，可以投入饲料 9.732÷0.9333=10.24（千克）。因此，在没有任何增氧措施的情况下，生产力低的池塘投喂饲料的产量是 24.33＋10.24=34.57（千克）。

可见，生产力低的池塘提高产量需要付出饲料的代价。

同样，生产力高 1 倍的池塘的剩余氧也高 1 倍，可投入的饲料也高 1 倍，因此，产量也高 1 倍，即 48.66＋20.48=69.14（千克）。

所以，有人认为，投喂饲料的池塘水体生产力对产量影响不大，甚至由于池塘生产力高，天然饲料多，不利于饲料销售。这种观念是不正确的，因为生产力低的池塘饲料根本投不进去。

可以说，生产力低的水体不太适合于水产养殖。

注意，以上的数据是用来说明问题的，池塘的实际情况不同，因为池塘水体与大气存在着气体交换，池塘底部也存在氧债，可以承受的饲料比上述数据高得多，因此产量要比这个例子高得多。

第三节 池塘天然生产力的决定因素

问苍茫大地，谁主沉浮？

是什么因素，支配着水生生态系统的天然生产力？一般来说，水生生态系统的天然生产力来自系统的光合作用效率。因此，支配天然水生生态系统的生产力主要因素有两个：太阳辐射和二氧化碳。

太阳辐射是地域性因素，不是水体自身的因素。所以，就水体自身因素而言，支配水生生态系统的主要因素是二氧化碳。

虽然大气中的二氧化碳可以溶解到水体中，但由于空气中的二氧化碳浓度很低，靠空气中的二氧化碳向水中扩散很难满足水生生态系统光合作用的需求。因此，水体中的二氧化碳主要来自土壤和岩石矿物的溶解，在所有能产生二氧化碳的含碳酸的岩石中，碳酸钙的溶解度是比较高的。

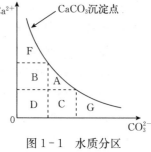

由于碳酸钙的快速风化和碳酸盐的缓冲能力，少量的碳酸钙可以主宰水生系统的地球化学行为。

如果以碳酸根做横坐标，钙离子为纵坐标作图，我们可以发现，图1-1中只有A区的水质才适合于水产养殖。

图1-1　水质分区

如果把图1-1换一种表达方式，就可以得到图1-2。

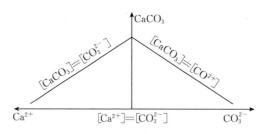

图1-2　碳酸钙含量与钙、碳酸根之间的关系

从图1-2中可以看出，高钙水体碳酸含量低，碳酸钙含量也低，高碳酸水体钙含量低，碳酸钙含量也低。水体中碳酸含量等于钙含量时，碳酸钙含量最高。

由于水体的缓冲能力与碳酸钙含量有关，所以，高钙低碳酸或低钙高碳酸的水体缓冲能力都偏低。

因此，从水体稳定性能来看，钙离子浓度大约等于碳酸根的水体缓冲能力最强。

水体中的二氧化碳、碳酸氢根、碳酸根是可以相互转化的，在水中，总碳酸包含了碳酸氢根和碳酸根，所以，水体中的总碳酸含量约等于总碱度（总碱度约等于碳酸氢根＋2倍碳酸根）。

也就是说，碳酸根含量大致上可以用总碱度表示。这就解释了水产养殖传统上认为钙硬度大约等于总碱度的水最好的道理。

第四节　电子活度与八大离子

对生态具有重要影响的水体重要属性包括：温度（t）、盐度（S）、氢离子活度（pH）、电子活度（pe）、碱度和硬度。其中，温度是地域太阳辐射属性，pe 是生物活动的结果。pH 受水体本身和生物活动的双重影响。

一、电子活度

水最重要的属性包括温度（t）、盐度（S）、氢离子活度（pH）和电子活度（pe）。前面 3 个指标大家都很清楚，但电子活度有些人就不大清楚。

电子活度是电子浓度的负对数：

$$pe=-\log（e）$$

大多数情况下，我们检测水体电子供应能力是采用氧化还原电位计，一般也称氧化还原电位，用符号 Eh 表示（Eh＝pe×0.0592）。水体中不存在游离的电子，氧化还原反应必须同时发生，也就是说，一种物质被氧化的同时，必须有一种物质被还原。在氧化还原反应中，被氧化物提供电子，称为电子供体，被还原物接受电子，称为电子受体。

自然界的生物，除了光能自养的生物外，都是靠氧化还原性物质获得能量的。例如，鱼虾通过氧化糖类获得能量：

$$CH_2O+O_2 \rightarrow CO_2+H_2O$$

在上述反应中，糖类是电子供体，氧是电子受体。如果我们把这个反应分为两个半反应，则有：

$$CH_2O+H_2O \rightarrow CO_2+4e^-+4H^+$$

在氧化糖类所产生的电子和氢离子必须有受体，好氧生物以氧（O_2）做电子受体（和氢受体），构成另一个半反应：

$$4e^-+4H^++O_2 \rightarrow 2H_2O（Eh°[①]=1.27 伏）$$

厌氧生物同样需要氧化还原性物质以获得能量，只不过它们的电子受体不是氧。池塘里常见的厌氧生物的无机电子受体主要有硝酸（NO_3^-）、氧化

[①]　Eh°为标准状态下的 Eh。

铁、氧化锰、硫酸（SO_4^{2-}）等。如硝酸和硫酸：

$$10e^- + 12H^+ + 2NO_3^- \rightarrow N_2 + 6H_2O \quad (Eh^\circ = 1.24 \text{ 伏})$$

$$8e^- + 10H^+ + SO_4^{2-} \rightarrow H_2S + 4H_2O \quad (Eh^\circ = 0.34 \text{ 伏})$$

池塘一旦出现硫化氢就会引起鱼虾死亡，所以，很多朋友尽管不大了解pe或Eh，但都很关注池塘硫化氢产生的条件。所以，很多人都会问这么一个问题，电位低到什么时候会产生硫化氢？其实，这个问题并不好回答，因为上述方程给出的是标准条件，而池塘里的条件是千变万化的。

根据上述方程，有

$$K = [H_2S]^{(1/8)}/([e^-][H^+]^{(5/4)}[SO_4^{2-}]^{(1/8)}) - \log(e^-)$$
$$= -\log(k) + 5/4\log(H^+) + 1/8\log([SO_4^{2-}]/[H_2S])$$
$$pe = pe^{\circ①} - 5/4 \, pH + 1/8\log([SO_4^{2-}]/[H_2S])$$

假设对虾池塘硫化氢浓度不能超过0.1毫克/升，海水中硫酸含量为2650毫克/升，pH为8.2，则有：

$$pe = pe^\circ - 5/4 \times 8.2 + 1/8\log[(2650/96)/(0.1/34)]$$
$$= pe^\circ - 9.7534$$

$$Eh = pe \times 0.0592 = 0.34 - 0.5774 = -0.2374 \text{ （伏）}$$

同等条件下，当pH为7.5时，Eh＝－0.1856（伏）。

硫化氢抑制动物细胞色素 a_3 被分子氧的再氧化，这阻断了电子转移系统并使得氧化呼吸停止。血液乳酸浓度也会提高，有利于无氧糖酵解而不利于有氧呼吸。所以，硫化氢的毒性作用主要是使组织缺氧。总硫化物中，硫化氢的百分比随pH下降而增加。因此，沿海酸性硫酸盐土壤的池塘硫酸含量高而pH又低的情况下，防止硫化氢危害是很重要的。

二、八大离子

决定水质其他参数的是溶解于水中的八大离子：钙、镁、钾、钠、碳酸氢根、碳酸根、硫酸根和盐酸根（或称氯离子）。其中钙、镁、钾和钠是阳离子，碳酸氢根、碳酸根、硫酸根和盐酸根是阴离子。

（1）八大离子的重量和决定了水的盐度。例如，标准海水中，这八大离

---

① pe°为标准状态下的pe，即反应物与生成物的浓度均为1摩尔/升时。

子的重量和占总离子重量和（即盐度）的99％以上。

（2）八大离子中阳离子的电荷总数与阴离子电荷总数之差，决定了水体的pH。水是电中性的（正电荷与负电荷相等）。当水体中阳离子（带正电荷）的电荷总数小于阴离子（带负电荷）的电荷总数时，水体中的氢离子（带正电荷）浓度就会高于氢氧根离子（带负电荷）浓度，水体呈酸性（pH低于7）；当阳离子的电荷总数等于阴离子电荷总数时，氢离子浓度等于氢氧根离子浓度，水体呈中性（pH等于7）；当阳离子电荷总数大于阴离子电荷总数时，氢离子浓度低于氢氧根离子浓度，水体呈碱性（pH高于7）。

（3）八大离子中钙和镁的含量决定了水体的硬度。即水体的总硬度大约等于（钙离子，毫摩尔/升＋镁离子，毫摩尔/升）×100（碳酸钙，毫克/升）。

（4）八大离子中碳酸氢根和碳酸根决定了水体的总碱度。即水体的总碱度大约等于（碳酸氢根，毫摩尔/升＋2×碳酸根，毫摩尔/升）×50（碳酸钙，毫克/升）。

可见，八大离子的组成是水体的最重要属性。所以，只有了解水体的八大离子组成，才能了解水体的属性，才能为水质调节提供基本依据。

第五节　水产养殖与水质属性

水产养殖的目的是创造经济效益，说白一点，就是赚钱。用动物最适宜的水质去养殖，效益是最高的。因此，如果确定了某种动物，就选择该动物最佳的水质条件。或者，在给定水质条件下选择适合于该水质的动物去养殖。

如果要在偏离动物最佳的水质条件下进行养殖，必然要付出相应的代价（即提高养殖成本）。因此，在投入养殖之前，必须进行经济效益评估。

换而言之，没有不能养殖的水体，只是有没有经济效益而已。例如，你可以在寒冷的地方养热带鱼，通过人为加热就可以解决温度问题，只是加热造成成本增加，只要还有钱赚，完全可以进行。如果由于加热成本而不能盈利，那养殖再成功也没有任何意义。

水质调节的目的是：①满足养殖动物最佳生存生长的需要；②满足环境生物最佳生长的需要。

养殖前的水质调节是对水质属性的"校准"，养殖过程中水质调节是对水质变化的"维护与修正"。

因此，想把水质属性校准好，必须满足两个条件：一是调节之前，知道你的池塘水的水质是什么；二是知道你想满足的动物、植物、细菌所需要的水质条件是什么。例如，你打算养殖南美白对虾，那你必须知道你的池塘水质属性是什么，南美白对虾对水质的要求是什么。

另外，水质调节至少包含两个层次，一个是个性调节，即针对养殖对象，如南美白对虾养殖；另一个是共性调节，即池塘水体的生产力和缓冲能力的调节。

（1）个性调节。例如，我想养殖南美白对虾，首先，我得知道，南美白对虾生存生长的最佳水质条件是什么？如果我发现这根本找不到研究资料，那我得去了解南美白对虾祖籍（南美洲墨西哥湾）的水质指标是什么。其次，我也必须知道我的池塘现在的水质指标是什么，什么东西多了，什么东西少了。最后，如果我要购买现成的水质调节产品，我还得了解各种产品的有效成分和浓度。

（2）共性调节。共性调节一般指的是生产力和缓冲能力的调节，对所有养殖对象都大同小异。目标就是提高水体的光合作用效率，稳定藻相、菌相以及其他各种水质参数。

一般来说，世界上没有两个属性完全相同的水体，而"水质调节"并非像配制培养基培养细菌那样完全标准化。例如养殖南美白对虾，我们没有可能也完全没有必要配制出墨西哥湾的标准海水去养殖。当然，或许用墨西哥湾海水养殖效果是最好的。

水质调节的本质是对水体中八大离子进行调节。但是，水中的矿物是易增难减的，也就是说，少了容易通过添加来解决，多了是很难处理掉的。因此，水质调节是在现有水质的条件下，根据养殖动物、环境生物的最佳需求进行"优化"而已。

第六节　水质调节的本质

水质调节的本质是对八大离子的浓度和比例进行调节。根据电中性原理：氢离子＋钙＋镁＋钠＋钾＝碳酸氢根＋碳酸根＋硫酸根＋盐酸根＋氢氧根离子，单位为摩尔/升。其中：

（1）［氢离子］×［氢氧根离子］约等于 10^{-14}。意味着其中一个离子的浓度上升，另一个离子的浓度必然下降。

（2）碳酸氢根和碳酸根（水体中碳酸氢根＋碳酸根＋溶解的二氧化碳＝总无机碳）不仅会根据 pH 互相转化，而且与大气中二氧化碳浓度存在着平衡关系。意味着当水中的浓度不足时，大气中的二氧化碳会溶解于水中，引起总无机碳增加；当水中的浓度过饱和时，水中的无机碳会转化为二氧化碳进入大气中，引起总无机碳浓度降低。

（3）由于碳酸钙的溶解度低，钙离子浓度与碳酸根的浓度之间会相互制约。当碳酸根与钙离子的溶度积达到饱和时，钙离子浓度的增加会引起碳酸根浓度的降低，反则反之。

水质调节和做饲料配方的道理是一样的——牵一发而动全身！调节一种离子，必然会影响到其他离子。例如，想提高 pH，则需降低氢离子浓度，然而世界上没有一种能够单独降低氢离子浓度的方法！

例如，传统上，我们通过添加石灰（氧化钙）来提高 pH，就是通过提高阳离子的浓度来"挤兑"氢离子。但是，由于钙离子浓度发生变化，除了降低氢离子浓度而提高 pH 外，阳离子（钙）浓度的增加，必然导致阴离子浓度相应增加，此时，氢氧根离子浓度增加，而氢氧根离子的增加又导致二氧化碳被吸收，总碱度增加，同时 pH 的变化又打破了原来的碳酸平衡体系，碳酸氢根和碳酸根按不同比例增加。

可见，用石灰调节 pH，水体中变化的不仅仅是氢离子浓度，而是发生了一系列变化——包括硬度、碱度、盐度、钙镁比、碳酸氢根与碳酸根的比值，等等。

就共性而言，水质调节又表现为碱度、硬度和 pH 调节。

请读者再回头看看图 1-1，水质调节的目的就是希望将自己池塘水的属性调整到 A 区的范围内。

如果你的池塘水质属性本身就落在 A 区，那恭喜你，你的水质已经很好了。但可以进一步优化，让它落到那条弧线上（即碳酸钙处于饱和临界状态），那才是最佳的。

一、A 区和 D 区水质的调节

A 区的水可以用石灰调节（同时提高碱度、硬度和 pH）。如果只想提高硬度而不想提高碱度和pH，可使用硫酸钙或氯化钙；如果只想提高碱度而不想提高硬度，可使用碳酸钠或碳酸氢钠。如果想同时提高碱度和硬度，又不想提高pH，可用硫酸钙或氯化钙与碳酸钠或碳酸氢钠按1∶1的摩尔比例同时使用。

D区水质的调节。这个区域的水体属于低碱度、低硬度，但往往也是低盐度偏酸的水体，常见于山区的水库水。这种水体偏"瘦"，培藻比较难，晴天早晚pH变化大，容易倒藻和滋生蓝藻。鲢、鳙产量很低，经常碰到低溶氧、高氨氮的问题。

尽管D区的水体钙＋镁与碳酸根＋碳酸氢根比较接近（即硬度与碱度比较接近），但浓度都很低。必须同时提高碱度、硬度和pH，因此，只需要使用石灰就可以了。造成这种水质属性的一个很重要的原因，可能是这种池塘的底部土壤严重缺钙。因此，水体中的钙很容易流失，必须经常检测钙浓度并不时补充。

由于盐度很低（可溶性固体很少），碳酸钙溶解度不大，碱度和硬度一般只能调节到70～80（碳酸钙，毫克/升）左右，但要勤调。

如果池塘里还没放虾苗，可以大剂量使用石灰处理。如果已经放了苗，就要非常小心。许多养殖户往往是等到池塘出了问题才想起水质调节，但是，俗话说，虚不受补！特别是当池塘氨氮浓度高的时候使用石灰是非常危险的。

由于D区水体碱度低、硬度低，几乎没什么pH缓冲能力，所以，晴天光合作用会引起水体pH剧烈波动，晴天中午或下午pH会比较高，因此，石灰应该在晴天的凌晨或阴天使用。同样，水体缓冲能力差，每次石灰的使用量也不能多。

二、B区和C区的水质调节

按照八大离子物质的量浓度平衡等式，B区水质等式的左边钙离子浓度合适，但右边的碳酸根和碳酸氢根不足。可以判断，水体中的钙主要是以硫酸钙或氯化钙的形式存在。

因此，B区的水质调节是等式左边补充镁或钠或钾，等式右边补充碳酸根或碳酸氢根。如果总硬度等于钙硬度，说明镁不足，可补充碳酸镁；如果镁也合适，则补充钠或钾，由于钾是一种植物营养素，不宜太高，一般情况下是补充钠。常见的调节剂为碳酸钠或碳酸氢钠。

由于碳酸钠的钠离子含量高于碳酸氢钠，所以补充碳酸钠的剂量可以少一些。

如果水质属性落在B区的下限，除补充碳酸钠外，还可以适当补充一些氧化钙。

B区水质调节本质上是通过补充镁、钠、钾，将硫酸钙转化为硫酸镁或硫酸钠或硫酸钾，或将氯化钙转化为氯化镁或氯化钠或氯化钾，从而将钙转化为碳酸钙。

由于调节B区的水质属性会使pH上升，因此也必须关注水体中的氨氮，操作和注意事项与D区一样。

与B区相反，C区水质的八大离子平衡等式中，右边的碳酸根、碳酸氢根合适，但左边的钙不足，所以，这种水的矿物主要是碳酸钠（碳酸镁或碳酸钾型的水很少见）。

很明显，左边需要补钙，但右边不能补碳酸，只能补硫酸根或盐酸根。因此，C区的水质需要用硫酸钙或氯化钙来矫正。

很多人以为缺钙都可以用石灰解决，在这种情况下使用石灰，根本补不了钙！一不小心反而会导致"脱钙"，造成更加严重的缺钙。

由于硫酸钙或氯化钙既不耗氧，也基本上不改变pH，所以，一般随时都可以进行操作。

三、极端水质属性的调节

前面说过，对于水质矫正而言，加易减难。B区缺碳酸碱度、C区缺钙硬度，D区两种都缺失。缺失可以通过补充来解决。而水体中某些矿物过量，必须"拿掉"就没那么方便了，必须付出更大的代价才能矫正过来。

F区和G区就是极端水质。江河湖海中这种属性的水体很少，造成这种极端属性的原因是池塘土壤引起的，前者是酸性硫酸盐土壤的池塘大量或长期使用石灰引起的，后者是盐碱地土壤引起的。

上述这两种水质属性本身不适合于水产养殖，如果有选择余地的话，尽量避免在这样的水质属性进行养殖。还是那句老话，没有养不了鱼虾的水，只是有没有经济效益而已。

　　F区的八大离子中主要是硫酸钙，高水平的钙导致碳酸盐碱度非常低，光合作用效率很低，难培藻，易倒藻。如果不降低钙含量，根本无法提高碱度。

　　尽管水体偏酸，但不能用石灰处理，如果使用石灰处理，pH在短时间内可以提高。而pH的提高又使原本只有少量碳酸氢根转化为碳酸根，将所添加的石灰完全沉淀掉，过两天pH又回到原位，这就是我们常说的"返酸"现象。

　　处理方法是根据八大离子平衡原则，采用钠离子去平衡硫酸根，降低方程左边的钙，同时提高右边的碳酸碱度。

　　（1）氢氧化钠。氢氧化钠加到水里后，提高水体的pH，使［二氧化碳］⇌［碳酸氢根］⇌［碳酸根］缓冲系统向右移动，使空气中的二氧化碳不断进入水里，产生更多的碳酸根，形成碳酸钙沉淀，降低钙离子水平。

　　（2）碳酸钠。碳酸钠与硫酸钙起反应产生硫酸钠和碳酸钙，过量的碳酸钙发生沉淀，降低钙离子水平。

　　（3）碳酸氢钠。碳酸氢钠的作用与碳酸钠相同，比碳酸钠温和，但用量差不多高1倍。

　　由于［钙］×［碳酸］＝常数（碳酸钙溶度积），钙少了，碳酸自然就会多出来。

　　与F区相反，G区水中八大离子的组成主要是碳酸氢钠，也就是人们常说的碳酸水。高水平的碳酸根限制了钙的浓度，如果不降低碱度，无法提高钙的浓度。只有除掉一定数量的碳酸，才能提高钙浓度以满足养殖动物如对虾生存生长的需要。

　　（1）盐酸。盐酸降低pH，使上述碳酸盐缓冲系统向左移动，使碳酸根转化为碳酸氢根，碳酸氢根再转化为二氧化碳并逸出水体，同时，盐酸中的氯离子占据了碳酸的位置，从而为钙离子的溶解提供空间。

　　（2）氯化钙。氯化钙与碳酸氢钠反应，形成氯化钠和碳酸钙沉淀，从而降低碳酸盐碱度，为钙的溶解提供空间。

　　总而言之，极端的水质属性调节需要付出很大的代价，成本也很高。尤其是盐碱水，因为高碱度本身对pH有很强的缓冲作用，意味着需要加入大量的盐酸才能降低一点点pH。

第七节　底泥中的硫化氢和Eh

　　说到硫化氢，我们要详细谈谈池塘底泥，看看在养殖过程中，底泥是如何变坏的。

当池塘底泥中氧气充足时，O_2 为有机物分解的最终电子接受者。随着 O_2 的逐渐消耗，底泥微生物区系开始选择其他电子接受者，其依据热力学特性的不同依次为 NO_3^-、Mn^{4+}、Fe^{3+}、SO_4^{2-} 和 HCO_3^-。每开始一个新的电子接受者时，将对应特定的氧化还原电位（Eh）范围，在此范围内，底泥释放特定化学元素。例如当氧化还原电位较高时（＋500 毫伏），底泥中多数金属和营养物呈氧化状，处于热动力学稳定状态，铁是三价铁，而不是二价的。在富营养化的湖底，氧化还原电位很低，三价铁就会被还原成二价铁，释放入水体成为藻类容易吸收的溶解态，所以易发生水华。

O_2 或 NO_3^- 具有氧化还原缓冲能力，向缺氧底泥中添加 NO_3^- 会阻止铁离子的释放，添加 NO_3^- 到排水淤泥中会阻止硫化物和甲烷的生成。养虾池沉积物中的硫酸盐（SO_4^{2-}）来自水体，养殖过程中水的排放与纳入是交替进行的，这样沉积物中始终存在着硫酸盐。当底泥为还原环境时，SO_4^{2-} 处于还原为 S^{2-} 的过程中，SO_4^{2-} 消减的速度取决于有机质的含量、环境还原性的强度（一般以 Fe^{3+}/Fe^{2+} 值表示）及硫酸盐还原菌的作用三者的综合影响。沉积物中 S^{2-} 含量与有机质积累有关，有机质经硫酸还原细菌分解还原 SO_4^{2-} 产生 S^{2-}，反应过程如下：

对糖类：

$$2CH_2O + SO_4^{2-} \rightarrow H_2S + 2HCO_3^-$$

对氨基酸：

$$4CH_2NH_2COOH + 4H_2O + 3SO_4^{2-} \rightarrow H_2S + 2HS^- + 8HCO_3^- + 4NH_4^+$$

如果虾池底泥中有机质含量增加，上述反应加剧进行，导致产生 S^{2-} 和 H_2S，SO_4^{2-} 被消耗，Fe^{3+}/Fe^{2+} 值变小。这就是底泥产生硫化氢的过程（彩图 1）。

在缺氧底泥中 S^{2-} 仍然可能受 Fe^{3+}、NO_3^- 和水体中氧气的氧化作用。反应如下：

$$HS^- + 2Fe^{3+} \rightarrow S + 2Fe^{2+} + H^+$$

由此可见，随着放养时间的延长，元素硫不断积累。元素硫在有机质沥青化和腐殖化过程中可能与有机组分形成有机硫衍生物，部分元素硫可能被高铁细菌利用或被 NO_3^- 氧化产生硫酸盐，还有部分会被异养细菌还原成 S^{2-}。总之，在养殖中后期，缺氧底泥中元素硫可能作为硫转化过程中的中间产物。

针对池塘底泥管理，可施加 Fe^{3+} 为主要成分的底泥改良剂。底泥改良剂组分中的 Fe^{3+} 能与池塘底泥中主要的毒害物 H_2S 起氧化还原反应，将 S^{2-} 氧化成单质 S，而产物中的 Fe^{2+} 又能与 S^{2-} 产生 FeS 沉淀，且 FeS 又可催化 O_2 氧化 H_2S，起到三重作用，即：

$$2Fe^{3+}+S^{2-} \rightarrow 2Fe^{2+}+S$$
$$Fe^{2+}+S^{2-} \rightarrow FeS\downarrow$$
$$2HS^-+3O_2 \rightarrow 2SO_3^{2-}+2H^+$$
$$2HS^-+4O_2 \rightarrow 2SO_4^{2-}+2H^+$$

清水康弘（1998）曾利用 $NaNO_3$ 和 $Ca(NO_3)_2 \cdot 4H_2O$ 为主的底泥改良剂处理池塘底泥，其结果表明可有效地降低池塘底泥的硫化物浓度及抑制磷的溶释。但与此同时，硝酸盐是浮游生物的生长营养素，可引起水体富营养化，底泥氨、亚硝酸浓度上升等问题也较为显著。

第八节　江山乡的南美白对虾养殖

江山乡是防城港附近一座深入海域的小山脉，当年养虾赚钱的时候，很多人在半山上建了池塘养虾，是名副其实"高位池"。有些池塘取水距离达数千米远。

笔者参观的高位池养殖场老板自建的池塘已经有六年了，产量最高是有1000千克/亩以上。地膜还挺好（彩图2）。

他的养殖模式是先抽满海水，用肥水膏培水或自制发酵物培水，放苗后20天左右开始少量排污，并补充淡水，此后慢慢"淡化"。之后随着虾的长大逐渐加大排污量，养殖后期基本靠换水。淡水、海水资源丰富。成本略高，不计塘租人工约每千克虾18元。

近年来的主要问题是放苗二十几天后出现肝胰脏病变，三十几天后出现白便。池塘水体总碱度开始时 70～80（海水比重 1.020），后期只有 30 多，主要问题来自淡水（井水，纯淡水，人、虾同用，pH6.5 左右）。

问题的来源估计与前期大量使用有机发酵物肥水有关。因为自制价廉（相对于商品肥水膏），大量使用麸皮、米糠发酵物导致底部污染，引起对虾慢性中毒。使用酸性井水大量换水导致总碱度降低也是引起微量元素缺失、缓冲能力不足的重要原因。

在另一个土塘养殖场，老板是一对浙江夫妇，他们还有一位年轻的儿子。四个土池，近 40 亩，他们在该场经营了六年，最高亩产达近 1 000 千克/亩，是小有名气的养殖能手。

池塘位于海湾河口的"平原"，水源为河口水。据介绍，池塘底部下面是白黏土，上面有薄薄的一层沙，表层是养殖后形成的淤泥沉积物。由于水源不足，淡水来源基本靠天，因此老板采用"老水"养殖，即捕虾后不排水，抽到隔壁轮流干晒处理的池塘。

经现场检测总硬度碳酸钙 1 000 毫克/升以上，总碱度为 100，水质相当理想（就当地情况而言）。放苗密度 3 万/亩。早造亩产 500 千克以上，晚造略差，350～400 千克/亩。

老板娘自称初来时啥也不懂，边干边学。但现在看上去是个干练又老练的养殖能手。附近的老乡羡慕他们命好，池塘好"做水"。

他们每年回浙江过年之前都会把池塘晒干晒裂。老板娘的困惑是为什么晚造比早造难养。究其原因，除了气候等因素外，池塘底部氧债是一个主要原因。

据介绍，防城周边空塘率比较高，尤其是中造，空塘率可达七成，大多数是高位池（地膜池）。

第二章　pH 的管理

第一节　pH 的组成

可以说，水产养殖中对 pH 的把握，就相当于中医的把脉。高低变化、走势和幅度，直接反映着一口池塘的水质状况。

此章将详细谈一谈 pH 的那些事儿。

pH 是水体中氢离子浓度的负对数（pH＝－log [H$^+$]）。pH 每上升或降低 1，氢离子浓度相差 10 倍。

影响水体 pH 的因素包括水体属性自身的 pH（我们称之为 pH 原点，由水体中阴阳离子物质的量浓度平衡状态所决定），以及水体中二氧化碳消长平衡（生物呼吸产生二氧化碳，pH 下降，藻类或植物光合作用消耗二氧化碳，pH 上升）。还有其他一些因素也会引起 pH 变化，如铵离子会引起 pH 上升，而铵转化为硝酸后会引起 pH 下降，硝酸脱氮会引起 pH 上升。当然，生物的呼吸作用和光合作用对 pH 的影响是最大的。我们日常在池塘水体检测到的 pH 是一个表观综合数值。

池塘中日常 pH 的管理（调控）包括两个层次或内容：一个是 pH 调节，另一个是 pH 控制。pH 调节是指对水体属性的矫正，即对 pH 原点的调整；pH 控制是对 pH 变化的幅度、漂移方向的控制，本质上是通过对生物活性（光合作用和呼吸作用）的调节来控制二氧化碳的消长，从而干预 pH 的走向。

水体中 pH 的缓冲体系是碳酸体系。因此，必须了解碳酸体系，才能实现对 pH 的科学调控。

封闭条件下，给定溶解无机碳（DIC）的浓度，随着 pH 的变化，水体中的二氧化碳、碳酸氢根、碳酸根之间的比例发生相应的变化（图 2-1）。这是大家所熟悉的。

但是，池塘是"半开放"的体系，之所以说是半开放，是因为水体中的

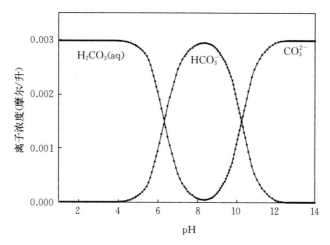

图 2-1 封闭条件下平衡时溶解无机碳（二氧化碳、
碳酸氢根、碳酸根）与 pH 的关系

二氧化碳与大气中的二氧化碳之间存在着交换，但又很难短时间内达到平衡状态。

很多人没有真正理解图 2-1，总以为当 pH 高于 8.3 时，水体中"没有二氧化碳"，其实，在开放体系下，与大气平衡时，水体中二氧化碳的浓度是不随 pH 的变化而变化的（图 2-2）。在给定温度、盐度的情况下，二氧化碳的浓度只与大气二氧化碳浓度（$p CO_2$）和二氧化碳溶解常数（k_0）有关（$[CO_2]＝pCO_2 \times k_0$）。

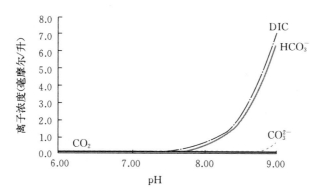

图 2-2 开放条件下平衡时溶解无机碳（二氧化碳、
碳酸氢根、碳酸根）与 pH 的关系

从图 2-2 可以看出，水体中溶解的无机碳随着 pH 的上升而上升。pH 7.5 以下水体中的溶解的无机碳含量很低，根本满足不了光合作用的需要，而当 pH 高于 8.5 时，碳酸根含量开始上升，可能又对养殖动物有不良影响（图 2-2 的盐度是 1，盐度不同碳酸根拐点不同）。这就解释了一般池塘水质 pH 为什么要在 7.5～8.5。

要管理好 pH，首先要明白 pH 为什么变化，变化规律是什么？所以，必须了解一下相关的理论和相关的术语：

总碱度（TA）、碳酸氢根（HCO_3^-）、碳酸根（CO_3^{2-}）、氢氧根离子（OH^-）、氢离子（H^+），且

$$[TA]=[HCO_3^-]+2[CO_3^{2-}]+[OH^-]-[H^+] \tag{1}$$

单位为摩尔/升，方括号表示浓度。

二氧化碳（CO_2）、碳酸离解常数（k_1）、碳酸氢根离解常数（k_2）且

$$[HCO_3^-]=[CO_2]\,k_1/[H^+] \tag{2}$$

$$[CO_3^{2-}]=[HCO_3^-]\,k_2/[H^+]=[CO_2]\,k_1k_2/[H^+]^2 \tag{3}$$

水的电离常数（K_W）、大气二氧化碳浓度（pCO_2）、二氧化碳溶解常数（k_0），且

$$[OH^-]=K_W/[H^+] \tag{4}$$

$$[CO_2]=k_0\,pCO_2 \tag{5}$$

将方程（2）、（3）、（4）代入方程（1）得：

$$[TA]=[CO_2]\,([H^+]\,k_1+2k_1k_2)/[H^+]^2+K_W/[H^+]-[H^+]$$

整理得：

$$[H^+]^3+[TA]\,[H^+]^2-([CO_2]\,k_1+K_W)\,[H^+]-2\,[CO_2]\,k_1k_2=0 \tag{6}$$

解出上述一元三次方程中 $[H^+]$，$pH=-\log[H^+]$。

在方程 6 中可以见到，$[H^+]$ 的浓度变化是随着 $[CO_2]$ 而变化的。白天浮游植物光合作用吸收水体中的二氧化碳的速度大于水体中各种生物呼吸产生二氧化碳的速度，造成水体的二氧化碳的浓度降低，为了维持方程两边的平衡，$[H^+]$ 浓度相应降低，pH 上升。夜间或阴天光合作用停止或下降，呼吸作用产生二氧化碳的速度大于二氧化碳的消耗，造成水体中二氧化碳的浓度上升，为了维持方程两边的平衡，$[H^+]$ 浓度相应增加，pH 下降。这就是池塘水体 pH 24 小时的变化模式。

其次，单位二氧化碳变化所引起的 pH 变化幅度取决于总碱度的浓度，总碱度越高，pH 变化幅度越小。也就是说，总碱度对 pH 有比较强的缓冲作用。

当水体中的二氧化碳浓度等于 $k_0 pCO_2$，即水体中的二氧化碳浓度与大气二氧化碳浓度平衡时，水体的 pH 就是 pH 原点。即将方程（5）代入方程（6）得：

$$[H^+]^3 + [TA][H^+]^2 - (k_0 pCO_2 k_1 + K_w)[H^+] - 2k_0 pCO_2 k_1 k_2 = 0$$

（7）

需要说明的是，方程中的所有参数，k_0、k_1、k_2、K_w 都是盐度和温度的函数，也就是说，盐度和温度不同，上述参数的值都不同。其次，很多论文上大气二氧化碳平均浓度是按 350 克/米^3 计算的，但由于近年来大气二氧化碳浓度上升，根据网络资料，目前全球大气二氧化碳的平均浓度是 400 克/米^3。

第二节　pH 的调节

pH 的调节本质上是四大阳离子和四大阴离子物质的量浓度平衡度的调节。换句话说，pH 的调节是通过八大离子之间比例的调节来实现的。

因此，pH 的调节必然牵涉到碱度和硬度，特别是钙硬度。例如，A 区和 D 区是碱度、硬度、pH 同时调节的；B 区是碱度、pH 同时调节，可对硬度进行微调；C 区只调节硬度，也可微调碱度；F 区是提高 pH、提高碱度的同时降低硬度；G 区是降低 pH、提高硬度的同时降低碱度。不同属性的水质调节各不相同。

很多养殖朋友都会问，到底我的池塘水碱度、钙硬度、pH 该怎么调节？用什么物质调节？用量多少？能调节到什么程度，哪个点是最佳的？

由于不同池塘水体的水质属性不同，调节的手段、剂量、所能达到的水平以及最佳点都不一样，因此，很难回答，甚至可以说无法回答上面的问题。

那池塘水质是不是意味着没办法精确调节了？那也不是。池塘水质是可以精确调节的，只是需要知道池塘水质属性才能精确调节。就像给人调理身体一样，要先把脉诊断，才能正确地开出有效的处方！如果一个人没帮你把脉，就给你开药方，能对症下药吗？闭着眼睛随便给你开的药，你敢服用吗？

池塘水质是可以精确调节的，只是需要数据，计算也十分复杂，需要有一定水平的化学、生物化学和数学知识。

水质调节中牵涉到的术语除了前面讲过的 TA、HCO_3^-、CO_3^{2-}、CO_2、H^+、OH^-、k_0、k_1、k_2、K_w、pCO_2 外，还有钙离子（Ca^{2+}）碳酸钙饱和常数，或称碳酸钙溶度积（$K_{SP}CaCO_3$），同样，碳酸钙饱和常数也是温度和盐度的函数（从接近纯淡水到标准海水相差接近 100 倍）。

水质调节或 pH 调节的目标是将水体八大离子中的碳酸根和钙离子调节到碳酸钙饱和的临界状态，并使 pH 落在养殖动物适应的范围内。

因此，水质调节精确的化学计量基本方程包括：

$$[Ca^{2+}][CO_3^{2-}]=K_{SP}CaCO_3 \tag{8}$$

根据 $[TA]=[HCO_3^-]+2[CO_3^{2-}]+K_w/[H^+]-[H^+]$

可得：

$$[TA]=[CO_3^{2-}]([H^+]/k_2+2)+K_w/[H^+]-[H^+]$$

即

$$[CO_3^{2-}]=([TA]-K_w/[H^+]+[H^+])/([H^+]/k_2+2) \tag{9}$$

以及达到碳酸钙饱和临界点所带来的 pH 原点变化，

$$[TA]=k_0pCO_2(k_1[H^+]+2k_1k_2)/[H^+]^2+K_w/[H^+]+[H^+] \tag{10}$$

将方程 9 代入方程 8，得：

$$[Ca^{2+}]([TA]-K_w/[H^+]+[H^+])/([H^+]/k_2+2)=K_{SP}CaCO_3 \tag{11}$$

联立方程 10 和方程 11，就可以解决各种不同水质属性的调节方法和精确的化学计量。

一、A 区和 D 区的 pH 调节

A 区和 D 区钙硬度和碱度比较接近，对于 A 区而言，如果碳酸钙还没达到饱和，可以用石灰（氧化钙，CaO）优化。对于 D 区而言，需要用比较大量的石灰调节，才能将 D 区调节到 A 区，计算方法是相同的。

将 1 摩尔石灰施到池塘水里，水合后形成 1 摩尔氢氧化钙 $[Ca(OH)_2]$，水解产生 1 摩尔钙离子（Ca^{2+}）和 2 摩尔氢氧根离子（OH^-），即：

$$CaO+H_2O \rightarrow Ca^{2+}+2OH^-$$

氢氧根离子吸收二氧化碳产生碳酸氢根（HCO_3^-）和碳酸根（CO_3^{2-}），水体总碱度（TA）增加 2 摩尔。

假设池塘中施入 x 摩尔的石灰，水中碳酸钙可以达到沉淀临界点。根据方程（10）和方程（11）得：

$$[TA] + 2x = k_0 pCO_2 \ (k_1 [H^+] + 2k_1 k_2)/[H^+]^2 +$$
$$K_W/[H^+] + [H^+] \tag{10a}$$

$$([Ca^{2+}] + x)([TA] + 2x - K_W/[H^+] + [H^+])/([H^+]/k_2 + 2)$$
$$= K_{SP} CaCO_3 \tag{11a}$$

重排方程（10a），得 x 的代数式，代入方程（11a），解出 $[H^+]$ 的值，该值的负对数（$-\log [H^+]$）就是调节后的 pH 原点。将 $[H^+]$ 的值代入方程（10a），解出石灰的用量 x。将该水体调节到碳酸钙饱和临界点所需的石灰的量是 $= 56x$（克/升）。其中 56 是石灰的相对分子质量。

导致 D 区碱度和钙硬度偏低的原因有可能是池塘土壤缺钙，当水体中钙浓度提高后，会与土壤进行离子交换，导致水体钙的流失。因此，需要进行多次调节。

此外，对于 D 区而言，可能需要大剂量的石灰，如果池塘已进行养殖，石灰的使用必须根据水体中氨氮的浓度掌握科学的剂量，避免由于 pH 变化过大或分子氨过高而造成鱼虾的伤害或甚至死亡。

如果水体硬度都是钙硬度，这样会影响碱度的提升。或许，我们不需要这么高的钙硬度，我们可以用部分镁硬度来取代钙硬度，适当降低钙硬度可以进一步提高总碱度以便提高光合作用效率。那么，我们可以锁定钙硬度去计算总碱度。

假设我们设定钙浓度为 $[Ca^{2+}] + a$，（$a < x$）。y 为镁浓度，则总碱度提高 2（$a + y$），代入上述两个方程（方程 10a、11a），求出 y 的值。如果 $a > y$，则需要投入 184.3y（克/升）的碳酸钙镁（白云石粉）和 56（$a - y$）（克/升）石灰。如果 $y > a$，则需要投入 184.3a（克/升）白云石粉和 86.3（$y - a$）（克/升）碳酸镁。

二、B 区的 pH 的调节

B 区钙硬度还合适，但碱度比较低。因此，这种水体的 pH 一般也偏低。

如果用石灰（氧化钙，CaO）来提高 pH，往往造成钙离子含量过高而引起碳酸钙沉淀，从而限制了碱度的提高。因此，这种水体用石灰调节 pH 往往容易出现返酸现象，也就是无效。

根据阴阳离子平衡原则，阳离子钙已经满足，阴离子缺乏碳酸根和碳酸氢根。因此，可根据需要补充碳酸镁、碳酸钾、碳酸钠、碳酸氢钾或碳酸氢钠。

例如，将 1 摩尔碳酸钠施到池塘水里，水解后产生 2 摩尔钠离子（Na^+）和 2 摩尔碱度（碳酸根、碳酸氢根和氢氧根离子）。

假设池塘中加入 x 摩尔的碳酸钠，水中碳酸钙可以达到沉淀临界点。根据方程（10）和方程（11）得：

$$[TA] + 2x = k_0 pCO_2 \ (k_1 [H^+] + 2k_1 k_2)/[H^+]^2 + K_W/[H^+] + [H^+]$$

$$[Ca^{2+}] \ ([TA] + 2x - K_W/[H^+] + [H^+])/([H^+]/k_2 + 2)$$

$$= K_{SP} CaCO_3 \tag{11b}$$

重排方程（10a），得 x 的代数式，代入方程（11b），解出 $[H^+]$ 的值，该值取负对数就是调节后的 pH 原点。将 $[H^+]$ 的值代入方程（11b），解出 x。

如果使用碳酸镁，用量为 $84.3x$（克/升）；如果使用碳酸钾，用量为 $138.2x$（克/升）；如果使用碳酸氢钾，用量为 $200.2x$（克/升）；如果使用碳酸钠，用量为 $106x$（克/升）；如果使用碳酸氢钠，用量为 $186x$（克/升）。

也可以根据具体离子组成的要求，如根据镁钙比和钠钾比的需求，将 x 分成几份，分别加入不同的矿物盐，以调整合理的镁钙比和钠钾比。

三、C 区的 pH 的调节

C 区碱度还合适，但钙硬度比较低。由于 pH 与碱度相关，因此，这种水体的 pH 一般也合适。调节的不是 pH，而是钙硬度。一方面满足动物（如对虾）的生理需要，另一方面以提高水体对 pH 的缓冲性能。

这种水体虽然缺钙，但如果用石灰来提高钙硬度，往往造成 pH 偏高，而 pH 偏高导致碳酸根大幅度增加，引起碳酸钙沉淀，从而限制了钙硬度的提高。因此，这种水体用石灰调节钙硬度往往很难奏效，甚至容易出现相反的作用——脱钙现象，也就是不但无效，反而起反作用。

根据阴阳离子平衡原则，阴离子碳酸根和碳酸氢根已经满足，只是阳离子中缺乏钙离子。因此，应该补充硫酸钙或氯化钙。即只提高钙硬度，不提高碱度和 pH。

例如，将 1 摩尔氯化钙施到池塘水里，水解后产生 2 摩尔氯离子（Cl^-）和 1 摩尔钙离子（Ca^{2+}）。由于氯化钙或硫酸钙不改变碱度，也基本不影响 pH，只是提高了钙硬度，所以计算起来比较简单。

假设池塘中加入 x 摩尔的氯化钙，水中碳酸钙可以达到沉淀临界点。根据方程（11）得：

$$([Ca^{2+}]+x)([TA]-K_W/[H^+]+[H^+])/([H^+]/k_2+2)$$
$$=K_{SP}CaCO_3 \tag{11c}$$

方程（11c）未知数只有 x，是一个最简单的一元一次方程。小学生都可以计算出 x。

如果使用氯化钙，用量为 $111x$（克/升）；如果使用硫酸钙，用量为 $136x$（克/升）。氯化钙或硫酸钙的使用剂量均按无水矿物盐计算。

也可以根据具体离子组成的要求，如根据氯硫比的需求，将 x 分成合适的比例，分别加入氯化钙和硫酸钙。

四、F 区的 pH 的调节

自然界的江河湖海中很少出现 F 区的这样的极端水质。一般是受酸性硫酸盐土壤的影响或矿山酸性污水的污染造成的。例如，酸性硫酸盐土壤由于开挖池塘而暴露于空气中，土壤中的硫化物（如硫化铁）被氧化而产生大量的硫酸。新池塘水体的 pH 可能低至 4 以下。即使大量使用石灰处理也无法提高 pH。这是因为使用石灰后水体中的硫酸被石灰中和形成硫酸钙，高浓度的钙离子限制了碳酸的浓度，使碱度和 pH 无法进一步提高。

要提高碱度，就得降低钙浓度，例如用钠离子处理，每减少 1 个钙离子，就必须补充 2 个钠离子，其次，要提高 pH，还得降低氢离子浓度，每减少 1 个氢离子，必须补充 1 个钠离子，同时，每增加 1 毫摩尔/升的总碱度，也必须增加 1 毫摩尔/升的钠离子。所以，碱的用量会很大。

（1）检测盐度、温度、总碱度（TA_1）、总钙（TCa_1），计算原来的 pH

原点的氢离子（H_1^+）浓度：

$$[TA_1]=pCO_2k_0([H_1^+]k_1+2k_1k_2)/[H_1^+]^2+K_W/[H_1^+]-[H_1^+]$$

(12)

计算该 pH 原点条件下游离钙离子（Ca_1^{2+}）浓度：

$$[Ca_1^{2+}]=K_{SP}CaCO_3([H_1^+]/k_2+2)/([TA_1]-K_W/[H_1^+]+[H_1^+])$$

(13)

计算游离钙系数：

$$r=[Ca_1^{2+}]/[TCa_1^{2+}]$$

（2）设定目标 pH 原点，以该 pH 下的氢离子浓度 $[H_2^+]$ 替换 $[H_1^+]$ 代入方程（12），求出目标 pH 原点时的总碱度 $[TA_2]$。

以 $[H_2^+]$ 和 $[TA_2]$ 替换 $[H_1^+]$ 和 $[TA_1]$ 代入方程（13）计算 $[TA_2]$ 条件下的钙离子浓度 $[Ca_2^{2+}]$。

计算目标 pH 原点下的总钙浓度（假设游离钙系数 r 不变）：

$$[TCa_2^{2+}]=[Ca_2^{2+}]/r$$

所需要的钠离子量为

$$x=2([TCa_1^{2+}]-[TCa_2^{2+}])+[TA_2]-[TA_1]$$

具体用量为：

氢氧化钠为 $40.01x$（克/升），或氢氧化钾为 $56.1x$（克/升），或氢氧化镁为 $29.16x$（克/升），或碳酸钠为 $53x$（克/升），或碳酸钾为 $69.16x$（克/升），或碳酸镁为 $42x$（克/升）。

可根据离子平衡需要按比例分别添加不同离子。

五、G 区的 pH 的调节

和 F 区一样，自然界的江河湖海中很少出现 G 区的这样的极端水质。一般是受盐碱地土壤的影响或矿山碱性污水的污染造成的。高碱度的水体一般 pH 也高，因而碳酸浓度也很高。高浓度的碳酸根离子限制了钙的浓度，使钙硬度无法提高。钙不足尤其对甲壳类的生长、脱壳不利，而高 pH 对养殖动物具有诸多的不良影响。

首先，要降低 pH，提高钙硬度，就得降低碳酸根浓度，例如，用氯离子处理，每增加 1 个钙离子，就必须补充 2 个氯离子；其次，要降低 pH，还得降低氢氧根离子浓度，每减少 1 个氢氧根离子，必须补充 1 个氯离子；同时，每减少 1 毫摩尔/升的总碱度，也必须增加 1 毫摩尔/升的氯离子。由于碱度对 pH 具有很强的缓冲能力，意味着要大量添加酸根才能降低一点 pH。

总碱度和钙离子计算方法与 F 区相同。

（1）检测盐度、温度、总碱度（TA_1）、总钙（TCa_1^{2+}），计算原来的 pH 原点的氢离子（H_1^+）浓度：

$$[TA_1] = pCO_2 k_0([H_1^+] k_1 + 2k_1k_2)/[H_1^+]^2 + K_W/[H_1^+] - [H_1^+]$$

计算该 pH 原点条件下游离钙离子（Ca_1^{2+}）浓度：

$$[Ca_1^{2+}] = K_{SP}CaCO_3([H_1^+]/k_2 + 2)/([TA_1] - K_W/[H_1^+] + [H_1^+])$$

计算游离钙系数：

$$r = [Ca_1^{2+}]/[TCa_1^{2+}]$$

（2）设定目标 pH 原点，以该 pH 下的氢离子浓度 $[H_2^+]$ 替换 $[H_1^+]$ 代入方程（12），求出目标 pH 原点时的总碱度 $[TA_2]$。

以 $[H_2^+]$ 和 $[TA_2]$ 替换 $[H_1^+]$ 和 $[TA_1]$ 代入方程（13）计算 $[TA_2]$ 条件下的钙离子浓度 $[Ca_2^{2+}]$。

计算目标 pH 原点下的总钙浓度（假设游离钙系数 r 不变）：

$$[TCa_2^{2+}] = [Ca_2^{2+}]/r$$

（3）需要补充的钙为：

$$x_1 = [TCa_2^{2+}] - [TCa_1^{2+}]$$

纯酸根用量为：

$$x_2 = [TA_1] - [TA_2]$$

酸根离子总量为：

$$x = 2x_1 + x_2$$

具体用量为：

方案一：先用盐酸（纯盐酸计）$36.46x_2$（克/升）或硫酸 $49.05x_2$（克/升），再用无水氯化钙 $111x_1$（克/升）或无水硫酸钙 $136x_1$（克/升）；先用酸降低碱度再补钙，顺序不可颠倒。

方案二：无水氯化钙 $55.5x$（克/升），或硫酸钙 $68x$（克/升）。

可根据离子平衡的需要按比例分别添加氯化钙和硫酸钙。

F 区我们只要补碱降钙，水体中游离的二氧化碳浓度降低，空气中的二氧化碳自然会溶解到水中，因而水中的碳酸碱度必然会提高。但 G 区补酸降碱后，池塘底部土壤是否有可交换钙能补充，我们无法确定，因此，为保险起见，还是用氯化钙或硫酸钙来调节。

第三节　pH 的控制

pH 调节是对水质属性本身的调节。而 pH 的控制是对给定 pH 原点水体pH 的昼夜变化幅度和走向（偏离原点）进行干预。

引起池塘水体 pH 变化的原因是水体中生物活动（呼吸作用和光合作用）导致溶解的无机碳（DIC，包括游离二氧化碳、碳酸氢根和碳酸根）浓度变化所造成的。

池塘中生物的呼吸作用产生的二氧化碳不是只以游离二氧化碳的形式存在，而是水合后按比例转化成各种无机碳：

$$CO_2 + H_2O \rightarrow H_2CO_3 \rightarrow H^+ + HCO_3^- \rightarrow 2H^+ + CO_3^{2-}$$

也就是说，呼吸作用产生的二氧化碳不只是停留在游离二氧化碳状态，而是表现为 DIC 的增加。

同样，光合作用也不是只利用水体中的游离二氧化碳，当光合作用造成水体中游离二氧化碳浓度降低时，碳酸氢根水解产生游离二氧化碳来补充：

$$2HCO_3^- \rightarrow CO_2 + CO_3^{2-} + H_2O$$

也就是说，光合作用不只是引起游离二氧化碳浓度降低，而是表现为DIC 的减少。

要了解 pH 24 小时变化这一过程，必须了解溶解的无机碳（DIC）和总碱度（TA）以及 pH（即氢离子浓度）之间的关系。

[DIC] 是溶解的无机碳的总和，即

$$[DIC] = [CO_2 + H_2CO_3] + [HCO_3^-] + [CO_3^{2-}]$$

用碳酸氢根表示：

$$[DIC] = [HCO_3^-]([H^+]^2 + [H^+] k_1 + k_1 k_2)/([H^+] k_1)$$

则得

$$[HCO_3^-] = [DIC][H^+] k_1/([H^+]^2 + [H^+] k_1 + k_1 k_2) \quad (14)$$

用碳酸根表示：

$$[DIC] = [CO_3^{2-}]([H^+]^2 + [H^+] k_1 + k_1 k_2)/(k_1 k_2)$$

则得

$$[CO_3^{2-}]=[DIC]\,k_1k_2/([H^+]^2+[H^+]\,k_1+k_1k_2) \qquad (15)$$

将方程（14）和（15）代入

$$[TA]=[HCO_3^-]+2\,[CO_3^{2-}]+K_W/[H^+]-[H^+]$$

即可得总碱度与溶解无机碳和氢离子（即 pH）之间的关系：

$$[TA]=[DIC]\,([H^+]\,k_1+2k_1k_2)/([H^+]^2+[H^+]\,k_1+$$
$$k_1k_2)+K_W/[H^+]-[H^+] \qquad (16)$$

池塘的生物呼吸可以看成是 24 小时连续进行的，而光合作用则是随着白天太阳辐射增加而增加。当呼吸作用大于光合作用时（夜间），DIC 增加；当光合作用大于呼吸作用时（白天），DIC 减少。

如果能通过饲料或动保产品投入量以及光合作用效率了解池塘 24 小时中 DIC 的最大值和最小值，就可以通过方程（16）计算出 pH 的最低值和最高值，即 pH 的变化幅度。

第四节　pH 原点

pH 原点是指水体中二氧化碳浓度与大气平衡时的 pH。是水体的自然属性之一，它代表着水体中阳离子和阴离子物质的量浓度的平衡度。了解 pH 原点才能对池塘 pH 变化是否正常做出判断。

例如，早上池塘水体的 pH 应该低于原点，说明池塘中的生物呼吸作用能补偿前一天藻类光合作用所消耗的二氧化碳。否则表明池塘微生物活性不足或微生物活性降低。下午池塘水体的 pH 应该高于原点，说明藻类活性正常，否则表明藻类老化，光合作用能力降低。

日常管理中，如果 pH 的昼夜变化围绕着原点波动，即日均 pH 位于 pH 原点，说明细菌和藻类处于平衡状态；如果日均 pH 向原点上方移动，说明微生物活性降低，此时应该考虑提高微生物活性；如果日均 pH 向原点下方移动，说明藻类在老化，此时应该调节藻类活性。

也就是说，只有了解池塘的 pH 原点，才能根据早上和下午的实际检测的 pH 做出判断，并采取相应的处理措施。

所以，pH 的管理有两个方面，pH 原点的调节和 pH 走向和幅度的控制。

（1）原点的调节是通过离子的调节来实现的，前面已经说过（水的属性调节本身包括了 pH 原点的调节）。原点偏低可通过补充阳离子来提高（根据水体的离子平衡补充钙或镁或钾或钠）；原点偏高可通过补充阴离子来降低，但只能补充硫酸根或盐酸根，不能补充碳酸根或碳酸氢根，因为碳酸根和碳酸氢根是与大气平衡的，不可能单独提高。

（2）pH 的昼夜变化幅度。引起池塘 pH 变化的根源是二氧化碳的消长，当水体中二氧化碳浓度增加时候，pH 降低，当二氧化碳浓度减少时，pH 上升。

pH 早晚变化小，有三种情况：①水中很少或没有生物，既不产生二氧化碳，也不消耗二氧化碳；②呼吸作用所产生的二氧化碳等于光合作用所消耗的二氧化碳（多云的天气会出现这种状况）；③死水——藻类和微生物都没有活性。

对于池塘养殖而言，第一种情况是瘦水，需要培水；第二种情况是健康状态；第三种情况是池塘生态系统崩溃！

pH 昼夜变化幅度大有两个原因：①碱度偏低（在光合作用产量相同的情况下，碱度越高，pH 变化越小）；②水深太浅（水的深度直接与 pH 变化幅度成反比）。因此，控制 pH 的昼夜变化幅度可通过提高碱度和加大水深来实现。

第五节 钙的缓冲作用

碳酸钙的溶解度很小，因此，在适应于水产养殖的 pH 范围内，八大离子中只有碳酸钙会随着 pH 的变化而发生沉淀与溶解。

$$Ca(HCO_3)_2 \rightarrow CO_2 + H_2O + CaCO_3$$

当 $[Ca^{2+}][CO_3^{2-}] > K_{SP}CaCO_3$ 时，碳酸钙发生沉淀。1 摩尔碳酸钙的沉淀导致 1 摩尔钙离子和 2 摩尔碱度的流失。

因此，池塘中随着 DIC 的减少（光合作用），pH 的变化有两种模式：第一种是 DIC 的减少无碳酸钙沉淀，总碱度、总硬度不变；第二种是 DIC 的减少伴随着碳酸钙沉淀，总碱度、总硬度同时等量降低。

前者 pH 变化比较激烈，后者 pH 变化比较温和，这就是碳酸钙的缓冲作用。

假设池塘每分钟每平方米的光合作用对二氧化碳的消耗是 x 摩尔，每立方米水体呼吸所产生的二氧化碳是 y 摩尔，池塘的深度是 d 米。

则水体中 DIC 的净变化速度（n，摩尔/升）为：

$$n = y - x/d \tag{17}$$

当 $n > 0$ 时，呼吸作用大于光合作用，DIC 上升；当 $n < 0$ 时，光合作用大于呼吸作用，DIC 减少。

假设水体中 $[Ca^{2+}][CO_3^{2-}] = Q$（称为离子积），当 $Q \leqslant K_{SP}CaCO_3$ 时，没有碳酸钙沉淀，当 $Q > K_{SP}CaCO_3$ 时，发生碳酸钙沉淀，且 DIC 每减少 n 摩尔/升，伴随着 m 摩尔/升的碳酸钙沉淀。因此，方程（16）可描述为：

$$[TA] - 2m = ([DIC] + n - m)([H^+]k_1 + 2k_1k_2)/([H^+]^2 + [H^+]k_1 + k_1k_2) + K_W/[H^+] - [H^+] \tag{18}$$

当 $Q \leqslant K_{SP}CaCO_3$ 时，$m = 0$（回归方程16）；当 $Q > K_{SP}CaCO_3$ 时，$m > 0$。

m 与 n 的关系：

$$K_{SP}CaCO_3 = ([Ca^{2+}] - m)([DIC] + n - m)k_1k_2/([H^+]^2 + [H^+]k_1 + k_1k_2) \tag{19}$$

对于光合作用相同的池塘水体，DIC 含量越高，pH 变化越小；同样，从方程（17）可以看出，光合作用相同的情况下，水越深，pH 变化也越小。

因此，可以通过提高碱度（即提高 DIC 浓度）和钙离子浓度，或加大水深来达到即有效地提高光合作用效率，又将 pH 的变化幅度控制在理想范围内的目的。

第六节　养殖前期 pH 的管理

养殖前期培水期间，pH 持续上升以至于不适合于放苗的情况是很常见的。但这种现象的背后，有多种原因。第一种（最常见的）情况是藻类生长过快引起的；第二种情况是碱度不足引起的；第三种情况是水体太浅引起的；第四种情况水源属性引起的；第五种情况是池塘土壤引起的。

第一种情况。大多数池塘养殖回水后培水前都会进行消毒处理，此时水中微生物大部分被杀灭，活性很低。培水的肥料中主要成分是藻类的营养素，因此，藻类长得快而微生物长得慢，二氧化碳的消耗远大于二氧化碳的补充，所以 pH 不断升高。

一般情况下，培水前期 pH 上升的幅度大的情况在地膜池和水泥池发生概率要比土池高得多。这是由于池塘土壤干燥期间土壤间隙中含有氧气，回水后土壤中好氧细菌分解土壤有机物，产生二氧化碳，二氧化碳分解土壤中的碳酸钙，形成碱度扩散到水中，因此具有一定的缓冲作用。

对于地膜池和水泥池，早期培水要适当增加有机物质含量，以维持一定的微生物呼吸作用，或适当控制氮或磷，使藻类光合作用产物不能全部用于生长繁殖，迫使藻类将部分光合作用的产物以分泌物的形式释放到水环境中，促进水体中的微生物生长。

养殖户不要追求"快速培藻"的肥料，培藻速度越快，不仅 pH 向上漂移（持续升高）的问题越严重，也容易倒藻和产生藻毒素。理智的选择应该是缓释肥料，使藻类略为缓慢但稳定生长，同时使原生动物和浮游动物能同时跟上，才能建立稳定的生态系统。

第二种情况。碱度偏低的水体（D 区），水体缺乏碳酸缓冲能力。这种水体藻类生长并不快，与第一种情况相比，藻类密度要低得多。

这种池塘肥水前需要调节碱度，提高水体的缓冲能力。如果已经放苗，此时如果要使用石灰处理，必须在凌晨和早上。另外，由于藻类生长不是很快，水体中可能还有氨氮，因此石灰一次的用量不能太高。

第三种情况。有一种观点认为，前期水浅有利于水温的回升，因而可以提高对虾的生长速度。但是，也应该明白，水浅不仅 pH 变化大，昼夜温差也大，溶解氧也可能严重过饱和而导致气泡病。也就是说，对于抵抗环境变化能力还比较差的幼苗来说，水太浅死得也快。

水的深度首先必须考虑虾苗的生存，其次再考虑生长。如果连成活都成问题，考虑生长速度就没有任何意义。

第四种情况。有些池塘是用地下水灌注的，这种地下水的属性本身的 pH 比较高，但由于受到有机物质的污染而含有大量的二氧化碳，导致二氧化碳过饱和（$[CO_2]$ 远大于 pCO_2k_0）。刚抽上来的井水 pH 并不高，但当这些井水的二氧化碳扩散到与大气平衡之后，pH 就会上升。

这种上升幅度可能超过 1。如果刚抽上来的水体 pH 偏低，养殖户再使用石灰处理，有可能雪上加霜。

第五种情况。有些池塘底部土壤是盐碱土壤，经过几年养殖漂洗，pH 已经正常。当池塘在干塘修复，重新推塘时挖得太深，把表面已经漂洗的土壤挖掉，造成盐碱土壤裸露。当池塘回水后，土壤中钠的交换导致水体 pH 上升。

这种交换也导致水体中钙离子被大量消耗，有可能导致水体严重缺钙。

一种现象，往往有多种原因。因此，要正确诊断，搞清楚问题所在，才能有效预防与处理。

第七节　高 pH 的呼吸抑制现象

经常碰到一种现象，计算出来的 pH 原点只有不到 8.3，白天水体的 pH 可高达 10 以上，溶解氧甚至超过 24 毫克/升，虽然藻类比较浓，但夜间呼吸量并不大，早晨的溶解氧还保持几乎 200% 过饱和，pH 也还在 9 以上。

按传统说法，藻类白天光合作用产氧，夜间呼吸作用耗氧。藻类密集会造成清晨溶解氧不足。如果溶解氧被消耗，必然产生相应的二氧化碳，pH 应该降到原点以下。

很明显，高 pH 的情况下，呼吸受到抑制（碱中毒）。

按道理，不同生物碱中毒的条件是不同的。按照研究盐碱地的华东水产研究所有关研究人员的说法，引起碱中毒的条件不是总碱度的高低，而是 $[CO_3^{2-}]$ 与 $[HCO_3^-]$ 的比值。

根据他们的研究，$[CO_3^{2-}]/[HCO_3^-] > 0.5$ 就会引起碱中毒。根据碳酸氢根离解方程：

$$k_2 = [CO_3^{2-}][H^+]/[HCO_3^-]$$

得

$$[CO_3^{2-}]/[HCO_3^-] = k_2/[H^+] > 0.5$$

即 $[H^+] < 2k_2$ 或 pH $>$（$pk_2 - 0.301$）即可引起碱中毒。

上网查查有关碱中毒的相关知识，经常可以看到低血钾合并碱中毒这样的话题：

低血钾合并碱中毒的机理有：

（1）血清 K^+ 下降时，肾小管上皮细胞排 K^+ 相应减少而排 H^+ 增加，氢-钠交换增加，因而换回 Na^+、HCO_3^- 增加，从而引起碱中毒。此时的代谢性碱中毒，不像一般碱中毒时排碱性尿，它却排酸性尿，称为反常酸性尿。

（2）血清 K^+ 下降时，由于离子交换，K^+ 移至细胞外以补充细胞外液的 K^+，而 H^+ 则进入细胞内，使细胞外 HCO_3^- 增加，导致代谢性碱中毒。

很明显，无论碱度高低，高 pH 都会引起碱中毒。当然，高碱度往往伴随着高 pH，所以高碱度更容易引起碱中毒。另外，低钾也会引起碱中毒。如果高碱度、高 pH 又伴随着低钾，无异于雪上加霜。

因此，在现实的生产中，一方面，必须采取措施将 pH 降低到（$pk_2-0.301$）以下才能解除水体的呼吸抑制，否则想通过补充碳源促进微生物呼吸降低 pH 则是徒劳的。另一方面，一般高碱度、高 pH 的水体大多数都是碳酸氢钠型，钠离子浓度偏高，容易引起钠/钾比例失调。根据上述说法，补钾应该可以缓解养殖动物甚至微生物的碱中毒。

第八节　日均 pH

一、日均 pH 变化规律

池塘 pH 除了昼夜周期性变化外，从回水的那一天开始，整个养殖周期中，日平均 pH 也有一个大的周期性变化。要了解这个大的周期性变化，必须了解池塘二氧化碳的消长规律。

池塘中产生的二氧化碳主要来自外源饲料输入量（养殖动物和微生物）、内源浮游生物对藻类的消费量和藻类光合作用产物的分泌量（胞外分泌物）。二氧化碳的消费几乎完全是光合作用。

在整个养殖过程中，除前期的培藻期间外，光合作用可以认为是相对稳定的，而饲料的投入量是持续增加的。因此，池塘 pH 的变化也呈现先升后降的趋势。

池塘回水后，由于消毒杀菌，微生物、原生动物很少，而施肥后在藻类大量繁殖起来之前，水体的 pH 接近其原点。

施肥后藻类生长很快，新生长的藻类 95% 以上的光合作用产物都用于自我繁殖，因此，二氧化碳的消费远远大于二氧化碳的产生，水体中二氧化碳严重缺乏，由于空气中的二氧化碳浓度很低，靠空气扩散难以平衡水体中缺失的二氧化碳。因此，这一阶段 pH 快速上升，昼夜变化曲线向原点上方漂移。

当水体中原生动物、浮游动物开始繁殖起来，部分藻类被消费，pH 上升速度开始减慢。

当放入种苗、控水鱼类（如花白鲢）浮游动物被控制，藻类和滤食生物之间相对平衡，加上藻类经过一段时间的生长繁殖，水体营养素水平有所降低，藻类胞外分泌物有所增加，微生物密度相应增加，pH 不再升高，这段期间是整个池塘水体 pH 最高的阶段。

随着养殖动物的生长，饲料投入量持续增加，水体中二氧化碳的产量也持续增加，因而 pH 缓慢回落。

在夏末初秋期间，饲料投入量最大，pH 也最低。

随着晚秋的到来，水温降低，饲料投入量减少，但晚秋的光照强烈，pH 再度回升。

也就是说，整个养殖周期内（指一年中整个可养殖周期）pH 变化是快升—缓升—最高—缓降—最低—回升。这是 pH 变化的一般规律。

这期间的 pH 波动，可以认为是天气、藻类活性以及藻类密度、浮游动物密度、藻类胞外分泌物的波动引起的。

就对虾养殖而言，前期 pH 的快速升高，也可能是 EMS 的原因之一。

二、日均 pH 调节

如果系统稳定，菌藻平衡，日均 pH 会是一条平滑的曲线。如果日均 pH 出现波动，说明系统的平衡出现了问题。

对于池塘养殖而言，如果池塘每天产生的污染量（饲料中没有转化为动物体的部分）在池塘净化能力的范围内，每天产生的藻类的生物量，都能由滤食生物链（原生动物、浮游动物、滤食性鱼类）所消费，日均 pH 也会相对稳定。

但是，随着饲料投入量的增加，每天产生氨氮的总量也在增加，当每天产生的污染量大于池塘的自净能力，或由于天气原因引起池塘自净能力降低时，水体中的生态平衡可能被打破，藻菌平衡就会失调。

而且，藻类在生长过程中持续不断地吸收水体中的微量元素，这些微量元素被藻类同化后，随着食物链最终以有机碎屑和动物粪便的成分沉淀到池塘底部，导致水体中微量元素缺乏，进而导致藻类种群发生变化。

开始时，水体中的微量元素比较丰富，藻类种群结构的多样性也高。随着微量元素的减少，物竞天择的结果导致水体中的藻类种群结构趋于单一化。

优势藻类的单一化加速微量元素的消耗，藻类的繁殖速度降低，意味着光合作用产物没有完全用于生长，多余的光合作用产物被藻类作为胞外分泌物分泌到水体中。据有关研究报道，藻类胞外分泌物占光合作用产物的比例从不足 5%（初生藻类）到超过 95%（老化藻类）。

藻类胞外分泌物的增加给微生物带来新的营养素，促进微生物密度的增加，微生物的增加反过来竞争微量元素，又导致藻类胞外分泌物的增加，微生物密度进一步增加。这个过程将导致日均 pH 明显的降低。接下来就是倒藻。倒藻释放硝酸还原酶，如果池塘中存在着硝酸，会在一夜之间产生大量的亚硝酸！

从藻类胞外分泌物增加，微生物密度增加，日均 pH 剧降，到倒藻，亚硝酸升高的过程中，日均 pH 降低是一个重要警示指标。如果在发现日均 pH 降低，微生物密度增加的初期，通过搅动池塘底部，释放微量元素，恢复藻类活性，就可以避免池塘生态系统恶化——倒藻和亚硝酸。

三、日均 pH 异常

持续阴天会导致日均 pH 降低。这是光合作用下降，二氧化碳消耗减少引起的。

消毒杀菌、杀虫会导致日均 pH 上升。这是微生物、浮游动物呼吸减少，二氧化碳产量下降引起的。

反过来，杀藻导致日均 pH 陡然降低。这是由于光合作用降低的同时，死亡的藻类释放更多的有机物质，促进了微生物的生长，二氧化碳消耗降低而产生增加。

晴天降温会导致日均 pH 上升。这是温度降低，微生物活性下降引起的；相反，水温回升，微生物活性提高，日均 pH 会有所下降。

雨后持续晴天日均 pH 会先上升后降低，这是前期藻类生长旺盛，后期藻类营养失衡，活性降低，胞外分泌物增加引起的。

换水过后也会发生类似的情形。一方面，换水补充微量元素，藻类活性增加，胞外分泌物减少；另一方面，换水导致有机物含量降低、微生物密度降低，呼吸作用下降，日均 pH 上升。随着换水时间的延长，日均 pH 逐渐回落。

投饵过量，残饵过多，微生物密度增加，也会导致日均 pH 降低。

　　藻类是池塘生态系统能量输入来源，是驱动整个生态系统运转的基本动力。池塘的载鱼量越高，驱动池塘生态系统运行的能量需求也越高。因此，只有生产力高的池塘才能取得高产。

　　细菌（微生物）是池塘生态系统物质循环的还原者，是池塘生态系统可以持续稳定进行的关键因素。池塘中细菌的生物量取决于饲料投入量和藻类胞外分泌物的数量，对于中、低产池塘，藻类胞外分泌物可能提供了细菌的主要营养来源，或对池塘微生物密度起着主要的作用。

　　藻类和细菌的活性、密度构成了池塘生态系统的两个最为关键的基础。藻类和细菌既有相生作用，如藻类为细菌提供营养，细菌对有机物的矿化为藻类提供营养素；同时，藻类和细菌又有相克作用，如藻类和细菌都需要某些微量元素，具有竞争关系。

　　由于藻类和细菌是二氧化碳消长的两个方面，在水质参数上以 pH 变化的形式表现出来。因此，了解 pH 的变化规律，读懂 pH 才能对池塘生态系统健康状态和演变走向有所掌握，及时做出判断，科学而合理处理。读懂了pH，自然就能对溶解氧、氨氮、亚硝酸等参数的走向做出预判。

　　所以，读懂 pH 是池塘水质管理的基础。

第三章 水的碱度和硬度

第一节 碱度和硬度的组成

对于池塘养殖水质属性来说，碱度和硬度是最最关键的参数。遗憾的是，很多从事水产养殖的一线人员，对碱度和硬度的概念还一头雾水。

碱度的定义：碱度是表征水体吸收质子的能力的参数，通常用水中所含能与强酸定量作用的物质总量来标定。

水中碱度的形成主要是由于重碳酸盐、碳酸盐及氢氧化物的存在，硼酸盐、磷酸盐和硅酸盐也会产生一些碱度。废水及其他复杂体系的水体中，还含有有机碱类、金属水解性盐类等，均为碱度组成部分。在这些情况下，碱度就成为一种水的综合性指标，代表能被强酸滴定物质的总和。

碱度一般用"Alk"或"A"表示。养殖水体中主要碱度成分为 HCO_3^-、CO_3^{2-} 和 OH^-。前两者称为碳酸盐碱度，后者称为羟基碱度。

各种碱度用标准酸滴定时可起下列反应：

$$OH^- + H^+ = H_2O$$
$$CO_3^{2-} + H^+ = HCO_3^-$$
$$HCO_3^- + H^+ = H_2O + CO_2$$

以上三种碱度的总和称为总碱度（TA）。

碱度的单位：毫摩尔/升或毫克/升（以碳酸钙计）。1 毫摩尔/升＝碳酸钙 50 毫克/升。

硬度的定义：硬度最初是指水沉淀肥皂水化液的能力。由于这种能力主要来自水中所含的钙、镁离子，所以，水的硬度一般指水中钙和镁的含量。

早期检测水体硬度是采用标准肥皂水去检测，得到的是包含钙和镁的"总硬度"，目前国际上硬度的检测则基本上是直接检测钙离子含量和镁离子含量，可分别表示为钙硬度和镁硬度或两者的总和——总硬度。

水的硬度的表示方法有多种：

（1）德国度。每一度即相当于每升水中含有 10 毫克氧化钙。1 德国度＝10 毫克/升。

（2）法国度。每一度相当于每升水中含有 10 毫克碳酸钙。1 法国度＝10 毫克/升。

（3）英国度。每一度相当于每升水中含有 14 毫克碳酸钙。1 英国度＝14.3 毫克/升。

（4）我国的法定计量单位为毫克/升。水产养殖常用的计量单位为碳酸钙毫克/升。

钙的原子量为 40，电荷数为 2，所以，水中含钙离子 40 毫克/升以硬度表示相当于 2 毫摩尔/升，或碳酸钙 100 毫克/升钙硬度。镁的原子量为 24.3，电荷数为 2，所以，水中含镁离子 24.3 毫克/升以硬度表示相当于 2 毫摩尔/升，或碳酸钙 100 毫克/升镁硬度。

例如，某水体中分别含有钙离子 20 毫克/升和镁离子 15 毫克/升，则可表示为（20/40）×2＝1 毫摩尔/升或（20/40）×100＝碳酸钙 50 毫克/升的钙硬度，以及（15/24.3）×2＝1.234 毫摩尔/升或（15/24.3）×100＝碳酸钙 60.73 毫克/升的镁硬度。则水体的总硬度为 2.234 毫摩尔/升或碳酸钙 110.73 毫克/升。

很多时候，为了简化书写，硬度的计量单位则只是标示为毫克/升。所以，看资料、论文或化验人员撰写报告时要特别细心，分清楚"钙浓度"和"钙硬度"。虽然单位很多时候都是用"毫克/升"表示，前者表示的是"钙离子"，后者表示的是"碳酸钙"。

钙和镁含量有四种表示法：原子数（毫摩尔/升）、电荷数（毫摩尔/升）、重量（毫克/升）以及硬度（碳酸钙，毫克/升）。

1 毫摩尔/升钙＝2 毫摩尔/升钙离子＝40 毫克/升钙＝100 毫克/升钙硬度。

同样，1 毫摩尔/升镁＝2 毫摩尔/升镁离子＝24.3 毫克/升镁＝100 毫克/升镁硬度。

估计不少人会在这里晕倒！

在工业上，以碳酸钙浓度表示的硬度大致分为：①0～75 毫克/升：极软水；②75～150 毫克/升：软水；③150～300 毫克/升：中硬水；④300～450

毫克/升：硬水；⑤450～700 毫克/升：高硬水；⑥700～1 000 毫克/升：超高硬水；⑦＞1 000 毫克/升：特硬水。

第二节　碱度和硬度的关系

在自然界的岩石和矿物中，最容易风化的是碳酸岩中的碳酸钙（主要存在于霰石、方解石、白垩、石灰岩、大理石、石灰华等岩石内，亦为动物骨骼或外壳的主要成分）和碳酸钙镁（白云石）：

碳酸钙虽然几乎不溶于水，但溶于酸。当雨水和地表水溶解了空气中的二氧化碳后，二氧化碳水合为碳酸，碳酸就会导致碳酸钙溶解：

$$CaCO_3 + H_2CO_3 \rightarrow Ca^{2+} + 2HCO_3^-$$

以及

$$CaMg(CO_3)_2 + 2H_2CO_3 \rightarrow Ca^{2+} + Mg^{2+} + 4HCO_3^-$$

同样，二氧化碳的水合产物——碳酸，也可以风化钾长石、钠长石等，以及其他矿物，逐步丰富水体中的八大离子含量。

一般情况下，普通地表水碱度和硬度相差不会太大。所以，有些报告会把碱度当硬度，或把硬度当碱度。因为它们的计量单位都用"碳酸钙毫克/升"来表示。

基于碳酸盐碱度的硬度分类：

（1）碳酸盐硬度。硬度等于碳酸盐碱度的部分，可以认为都是碳酸盐硬度。当加热时，碳酸氢钙分解，形成碳酸钙沉淀，可以从水中除去。因此，碳酸盐硬度也称为暂时硬度。

（2）非碳酸盐硬度。硬度大于碳酸盐碱度时，水中除了碳酸盐硬度外，还存在着硫酸盐或盐酸盐硬度。这部分硬度通过加热不能除掉。因此，非碳酸盐硬度也称为永久硬度。

（3）负硬度。硬度小于碳酸盐碱度的部分，此时水体中的硬度都是碳酸盐硬度。大于硬度的那一部分碳酸盐碱度称为负硬度，即碳酸钾、碳酸钠或碳酸氢钾、碳酸氢钠。

碱度和硬度偏离的原因往往是与不良土壤或矿物接触的后果。如与盐碱地接触导致碱度升高、硬度降低；而与酸性硫酸盐土壤接触导致硬度升高、碱度降低。

第三节　钙硬度、镁硬度和碱度的关系

如果我们往没有碱度和硬度的蒸馏水里添加氧化钙（生石灰），碱度和硬度就会等量升高，pH 也会升高，水体中的离子平衡为：

$$[H^+]+2\,[Ca^{2+}]=[HCO_3^-]+2\,[CO_3^{2-}]+[OH^-]$$

当钙浓度和碳酸根浓度的乘积达到碳酸钙沉淀点时：

$$[Ca^{2+}]\,[CO_3^{2-}]=K_{SP}CaCO_3$$

水中的碱度和硬度达到最高。也就是说，对于低碱度和低硬度的水体，只用石灰来提高碱度和硬度是相当有限的。如果希望总碱度和总硬度同时进一步提高，就必须用镁硬度替代钙硬度。

因此，一般情况下，在水体碱度和硬度都比较低时，钙硬度往往高于镁硬度。当碱度和硬度达到碳酸钙沉淀点之后，碱度和硬度的提高主要是依靠镁硬度。

从水体 pH 的稳定性来说，虽然钙的作用比较强，但并不是越高越好，尤其是低盐度的水体。因为在低盐度的情况下，碳酸钙浓度积很小（$K_{SP}CaCO_3<10^{-9}$）。高浓度的钙限制了碱度的提高，影响光合作用效率，从而影响池塘生产力。

因此，钙只能保持一个满足养殖动物生理需要和合理的 pH 稳定所必需的水平，太高反而不好。对于南美白对虾来说，钙镁比为 1∶3 对生长最有利。在满足对虾对脱壳需要的前提下，提高镁硬度对南美白对虾生长有利。

第四节　总碱度的组成

水体中的碱度来源于空气中的二氧化碳和溶解的碳酸盐矿物（主要来自石灰石和白云石）。

我们假设在大气中水蒸气刚形成水滴时，水是纯的，有部分水分子电离：

$$H_2O \rightarrow H^+ + OH^-$$

并且 $[H^+]\,[OH^-]=K_W$（$K_W \approx 10^{-14}$），则水中只有 H^+ 和 OH^-，并且 $[H^+]=[OH^-]$，很明显，$[H^+]=K_W^{1/2}$，所以纯水的 pH 是中性的，$-\log[H^+]=-1/2\log K_W=7$。

当雨水与空气中的二氧化碳接触后，二氧化碳溶解于水中，部分二氧化碳与水结合产生水合二氧化碳，即碳酸，碳酸水解产生碳酸氢根和 H^+，碳酸氢根再水解产生碳酸根和 H^+（碳酸体系向右移）：

$$CO_2 + H_2O \rightarrow H_2CO_3 \rightarrow H^+ + HCO_3^- \rightarrow 2H^+ + CO_3^{2-}$$

则此时水中除了 H^+ 和 OH^- 外，还有 HCO_3^- 和 CO_3^{2-}，并且：

$$[H^+] = [HCO_3^-] + 2[CO_3^{2-}] + [OH^-]$$

很明显，$[H^+]$ 大于 $[OH^-]$，所以雨水偏酸。此时水体中的溶解无机碳浓度为二氧化碳的溶解度，即 $[DIC] = [CO_2] + [HCO_3^-] + [CO_3^{2-}]$，而此时总碱度为 0，即 $[TA] = [HCO_3^-] + 2[CO_3^{2-}] + [OH^-] - [H^+] = 0$。

当雨水落到地面，与石灰石（碳酸钙，$CaCO_3$）接触，水体中的碳酸会溶解石灰石：

$$CaCO_3 + HCO_3^- \rightarrow Ca^{2+} + 2HCO_3^-$$

与白云石（碳酸钙，$CaMg(CO_3)_2$）接触，同样，水体中的碳酸会溶解白云石：

$$CaMg(CO_3)_2 + 2HCO_3^- \rightarrow Ca^{2+} + Mg^{2+} + 4HCO_3^-$$

此时水体中则有

$$[H^+] + 2[Ca^{2+}] + 2[Mg^{2+}] = [HCO_3^-] + 2[CO_3^{2-}] + [OH^-]$$

很明显，在天然水体中，有硬度（钙＋镁）才有碱度，并且 $2[Ca^{2+}] + 2[Mg^{2+}] \approx [HCO_3^-] + 2[CO_3^{2-}]$，即总碱度约等于总硬度。此外，随着水体中 $[HCO_3^-]$ 和 $[CO_3^{2-}]$ 的增加，碳酸平衡体系往左移：

$$2H^+ + CO_3^{2-} \rightarrow H^+ + HCO_3^- \rightarrow H_2CO_3 \rightarrow CO_2 \uparrow + H_2O$$

导致水体中 $[HCO_3^-] + 2[CO_3^{2-}] < 2[Ca^{2+}] + 2[Mg^{2+}]$，引起 $[OH^-]$ 增加，使得 $[OH^-]$ 大于 $[H^+]$，即随着总碱度的上升，pH 逐步增加而致使水体呈弱碱性。

因此，天然无污染的水体具有一定的总碱度，并且总碱度约等于总硬度，以及具有弱碱性的特征。

天然水体由于水所接触的矿物质种类很复杂且多样化，因此，水的组成也是很复杂和多样化的。想简单地说明很困难。因此，我们可以简化一下，用一个简单的模型来说明水体中总碱度的大致范围。

假设我们在烧杯中装入蒸馏水，再加入碳酸钙粉末，在开放的条件下不断搅拌，使碳酸钙溶解，那么，最终的总碱度是多少？（实验装置如图 3-1

所示，温度为 25 ℃，假设大气二氧化碳浓度为 400 克/米³，且不限时间）

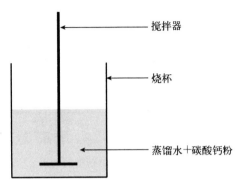

碳酸钙溶解度实验

图 3-1　碳酸钙溶解度实验装置

当反应达到平衡时，有

$$[H^+]+2[Ca^{2+}]=[HCO_3^-]+2[CO_3^{2-}]+[OH^-]$$

且

$$[Ca^{2+}][CO_3^-]=K_{SP}(CaCO_3)$$

通过模拟计算，我们可以得到如下的理论数据：

（1）平衡时，碳酸钙达到饱和，钙硬度约为碳酸钙 50 毫克/升（图 3-2）。

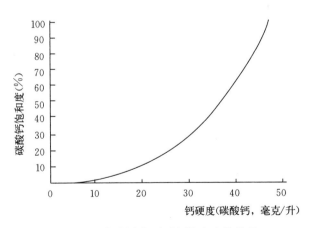

图 3-2　钙硬度与碳酸钙饱和度的关系

（2）在本系统中总碱度等于钙硬度，即总碱度接近碳酸钙 50 毫克/升（图 3-3）。

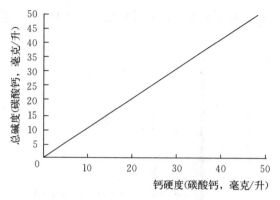

图 3-3　钙硬度与总碱度的关系

（3）总无机碳（DIC）接近 1 毫摩尔/升（图 3-4）。

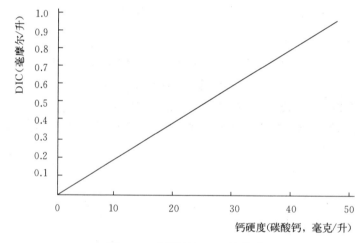

图 3-4　钙硬度与 DIC 的关系

请注意当钙硬度等于 0 时，DIC 非常小，说明没有阳离子的存在，二氧化碳的溶解度非常低，水体中溶解的无机碳非常有限。

（4）当向二氧化碳饱和的蒸馏水中加入碳酸钙，直至钙饱和时，pH 从 5.65 上升到 8.2（图 3-5）。

从上面的数据可以看出，二氧化碳饱和的纯水是很酸的，但少量的碳酸钙就可以大幅度改善水体的可养殖属性。当然，天然水体要比纯水复杂得多，尽管如此，水的活度高的水体硬度和碱度都不会很高，因为在水的活度高的情况下，碳酸钙的溶度积很小。

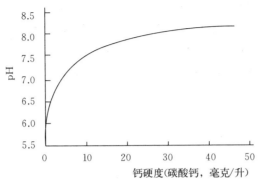

图 3-5　钙硬度与 pH 的关系

第五节　总碱度的调节

由于碳酸钙的溶度积很小，所以，当水体中只有钙硬度时，限制了碱度的提高。因此，添加非钙硬度，通常为镁硬度，可以进一步提高总碱度。

假设我们在烧杯中装入蒸馏水，再加入碳酸钙镁粉末代替碳酸钙粉，在开放的条件下不断搅拌，使碳酸钙镁溶解，理论上我们可以得到如下结果：

（1）平衡时，添加碳酸钙粉的水体，钙硬度接近碳酸钙 50 毫克/升；而添加碳酸钙镁粉的水体，钙硬度只能到碳酸钙 40 毫克/升（图 3-6）。

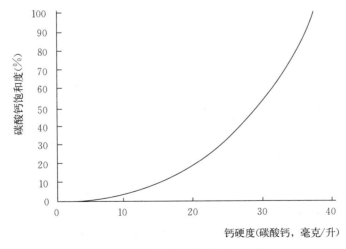

图 3-6　钙硬度与碳酸钙饱和度的关系

钙的降低为总碱度的提高留下空间。虽然钙硬度降低，但总硬度提高。因为碳酸钙镁中含有与钙等量的镁。总硬度为钙硬度的两倍。

（2）添加碳酸钙粉的水体，总碱度接近碳酸钙 50 毫克/升；添加碳酸钙镁粉的水体，总碱度接近碳酸钙 80 毫克/升（图 3-7）。

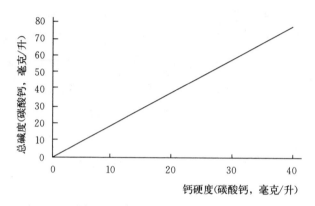

图 3-7　钙硬度与总碱度的关系

（3）添加碳酸钙粉的水体，总无机碳接近 1 毫摩尔/升；而添加碳酸钙镁粉的水体，总无机碳则接近 15 毫摩尔/升（图 3-8）。

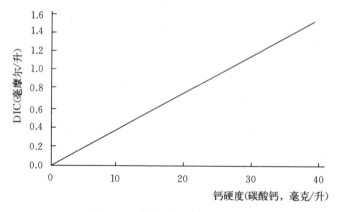

图 3-8　钙硬度与 DIC 的关系

（4）pH 与碳酸钙粉大致相同（图 3-9），说明用碳酸钙镁（白云石粉）改良池塘环境对 pH 的影响与碳酸钙差不多。

因此，在钙能满足养殖动物作为生理机能需要的前提下，适当提高镁硬度可以有效地提高池塘的总碱度和总硬度。

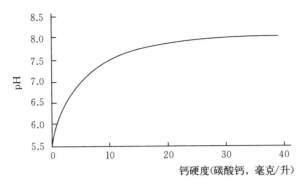

图 3-9　钙硬度与 pH 的关系

如果水体中只有钙和碳酸两种离子，那么，这两种离子"相遇"的概率就很高，容易成双成对地牵手——沉淀。如果水体中有许许多多其他离子存在，钙离子和碳酸离子要"见面"就难一些，这样，想成双成对就不容易，沉淀的概率就小一些。离子之间的这种"见面"概率我们称为离子的"活度"。水体中离子的浓度越高，离子的活度就越低。

在盐度为 0 的稀溶液中，碳酸钙的饱和溶度积为 3.31×10^{-9}（钙离子和碳酸离子的活度高），而在盐度为 35 的海水中，碳酸钙的饱和溶度积为 4.27×10^{-7}（钙离子和碳酸离子的活度低），后者是前者的 129 倍！可见，降低离子活度可以提高总碱度和总硬度。

假设我们在烧杯中装入的是盐度为 5 的盐水，再加入碳酸钙粉末，在开放的条件下不断搅拌，使碳酸钙溶解，那么，最终的总碱度是多少？

（1）饱和度从蒸馏水的接近碳酸钙 50 毫克/升提高到盐度为 5 的盐水的接近碳酸钙 80 毫克/升（图 3-10）。

（2）同样，总碱度也从蒸馏水的接近碳酸钙 50 毫克/升提高到盐度为 5 的盐水的接近碳酸钙 80 毫克/升（图 3-11）。

（3）溶解无机碳从蒸馏水的接近 1 毫摩尔/升提高到盐度为 5 的盐水的 1.5 毫摩尔/升（图 3-12）。

（4）pH 则与蒸馏水的差不多（图 3-13）。

很明显，盐度接近 0 的"纯淡水"稍微提高一点点盐度有利于提高总碱度，即有利于提高池塘天然生产力。

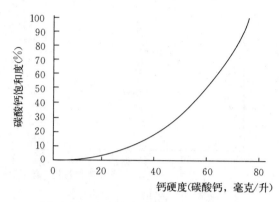

图 3-10　钙硬度与碳酸钙饱和度的关系

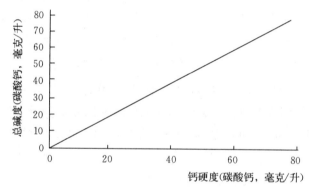

图 3-11　钙硬度与总碱度的关系

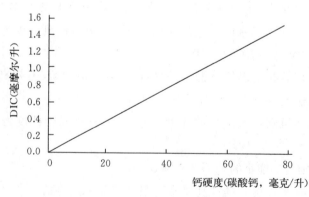

图 3-12　钙硬度与 DIC 的关系

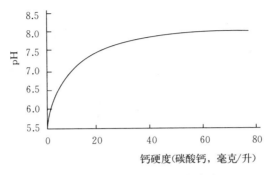

图 3-13　钙硬度与 pH 的关系

第六节　生石灰清塘的思考

传统池塘灌注后都会用大剂量的生石灰"清塘"和"消毒"。许多资料介绍都是按每亩多少千克生石灰（如有的资料为 75～100 千克/亩，有的资料为 100～150 千克/亩）介绍的。大多数资料要么来自经验，要么就是从其他资料上转抄过来的。如果生石灰用于"清除"野杂鱼和"消毒"杀死病原菌，就需要一个相对明确的浓度。由于不同的池塘底部土壤的性质与水的属性不同，加上水体的体积差异，生石灰的用量是不一样的。但是，必须给出一个最终标准。

查找过我国科技文献数据库，对使用生石灰有这么一段比较像样的描述："泼洒生石灰后使池水的 pH 达 11 以上，并保持 2 小时不下降，就能达到杀死病原体和敌害生物的目的。"（陆军，2010）

也就是说，使用生石灰的目标是水的 pH 达 11 以上，并保持 2 小时不下降。至于需要多少剂量，那就要根据你的池塘底质、水质和深度来确定，而不是简单地"75～100 千克/亩"或"100～150 千克/亩"。

假设此时水体中的 pH 完全由氢氧化钙控制，那么，残余钙离子的浓度应该为：

$[Ca^{2+}] = (K_W/10^{-pH})/2 = (10^{-14}/10^{-11})/2 = 0.0005$（摩尔/升）或钙 20 毫克/升（不同温度、不同盐度下 K_W 有所差异）：

当温度为 25 ℃、盐度等于 0 时，残余钙离子浓度为 0.0005 摩尔/升或钙

20.000 毫克/升；

当温度为 25 ℃、盐度等于 0.5 时，残余钙离子浓度为 0.00068 摩尔/升或钙 27.301 毫克/升；

当温度为 25 ℃、盐度等于 1 时，残余钙离子浓度为 0.00077 摩尔/升或钙 30.945 毫克/升；

当温度为 25 ℃、盐度等于 2 时，残余钙离子浓度为 0.00092 摩尔/升或钙 36.769 毫克/升；

当温度为 25 ℃、盐度等于 3 时，残余钙离子浓度为 0.00105 摩尔/升或钙 41.814 毫克/升。

添加生石灰导致 pH 上升，必然引起水体中碳酸缓冲系统向右移动而导致碳酸钙沉淀：

$$CaO + H_2O \rightarrow Ca^{2+} + 2OH^-$$
$$CO_2 + OH^- \rightarrow HCO_3^-$$
$$HCO_3^- + OH^- \rightarrow CO_3^{2-} + H_2O$$
$$CO_3^{2-} + Ca^{2+} \rightarrow CaCO_3 \downarrow$$

要使池塘水体中的残余钙离子浓度超过 5.0×10^{-4}（摩尔/升），则碳酸的浓度应该小于：

$$[CO_3^{2-}] < K_{SP}CaCO_3 / [Ca^{2+}]$$

根据总溶解无机碳（DIC）与碳酸的关系：

$$[DIC] = [CO_2] + [HCO_3^-] + [CO_3^{2-}]$$
$$= [CO_3^{2-}](H^+ + H^+ k_1 + k_1 k_2)/(k_1 k_2)$$

我们可以计算出生石灰水处理前后的 DIC 变化。即每减少一个 DIC，必然伴随着一个钙离子被沉淀。因此，将水体用氧化钙处理使 pH 达到 11 以上需要的石灰的量大概可以按下列方程估计：

[CaO] = [（处理前 DIC－处理后 DIC）－处理前钙离子浓度＋残余钙浓度] $\times 56 \times 1\ 000$（生石灰，克/米³）。

由于不同盐度、温度下，k_1、k_2、K_w、$K_{SP}CaCO_3$ 都有所差异，因此，可以编写一个简单的软件，根据每个池塘的具体盐度、温度、钙硬度、总碱度，计算出相对精准的生石灰的用量。

利用几组水质参数来计算（暂时未考虑其他物质如碳酸镁、氢氧化镁的沉淀）：

例1. 总碱度（TA），10；钙硬度（HCa），10；盐度（S），0；温度（t），25 ℃。计算结果：生石灰 33.81 克/米³。

例2. TA，50；HCa，10；S，0.1；t，25 ℃。计算结果：生石灰 82.03 克/米³。

例3. TA，150；HCa，10；S，0.5；t，25 ℃。计算结果：生石灰 193.03 克/米³。

例4. TA，10；HCa，40；S，0.5；t，25 ℃。计算结果：生石灰 26.93 克/米³。

例5. TA，40；HCa，40；S，1；t，25 ℃。计算结果：生石灰 64.72 克/米³。

例6. TA，150；HCa，60；S，5；t，25 ℃。计算结果：生石灰 192.6 克/米³。

以上是假设 2 小时内，水体与空气和底泥未发生反应，但在实际操作上很难做到。而且也假设氧化钙为纯品。因此，要达到 2 小时内 pH 高于 11，生石灰的用量一定要大于上述这些理论值。根据上述计算结果，很明显，总碱度越高，生石灰的用量越大，钙离子浓度越高，生石灰用量越小。本文的数据只是用来说明问题的范例，与实际池塘还有一定的误差，希望有研究院所能够进行精确研究。

由于使用生石灰处理，水体的 pH 非常高，大量的无机碳以碳酸的形式被沉淀，导致水体中的可溶解无机碳（DIC）非常低，从纯淡水的 8.070×10^{-6}（摩尔/升）到盐度为 5 的水体 9.762×10^{-5}（摩尔/升）。此时水体中溶解无机碳中的二氧化碳 $[CO_2]$ 组分几乎为 0。在后续的时间内（大多数文献认为需要 1 周左右），吸收二氧化碳、pH 回落到可放鱼、虾苗的 8.2 前后（严格来讲是回到 pH 原点前后）。

在空气二氧化碳和底泥有机物质分解产生的二氧化碳的作用下，被沉淀的碳酸钙又溶解。假设 pH 降低到 8.2 时有 n 摩尔的碳酸钙被溶解，同时，氢氧根离子由于吸收二氧化碳而减少，水电离产生氢离子和氢氧根离子，这些氢氧根离子也会吸收二氧化碳产生碳酸氢根，并且碳酸钙也处于饱和状态，则水体中的钙离子浓度应该为（$n+$残余钙）（摩尔/升），DIC 应该在原来的基础上增加 $2n+$（原来氢氧根离子－现有氢氧根离子＋现有氢离子－原来氢离子）（摩尔/升）。

根据 $[Ca^{2+}][CO_3^{2-}] = K_{SP} CaCO_3$ 以及 $[CO_3^{2-}] = [DIC] k_1 k_2 / (10^{-2} pH + 10^{-pH} k_1 + k_1 k_2)$

有 $[Ca^{2+}]$ $[CO_3^{2-}]=K_{SP}CaCO_3=([Ca^{2+}]_0+n)([DIC]_0+10^{-pH_1}-10^{-pH_0}+K_W/10^{-pH_0}-K_W/10^{-pH_1}+2n)$ $k_1k_2/(10^{-2pH_1}+10^{-pH_1}k_1+k_1k_2)$

即 $2n^2+([DIC]_0-10^{-pH_0}+10^{-pH_1}+K_W/10^{-pH_0}-K_W/10^{-pH_1}+2[Ca^{2+}]_0)n+[Ca^{2+}]_0$ $([DIC]_0-10^{-pH_0}+10^{-pH_1}+K_W/10^{-pH_0}-K_W/10^{-pH_1})-K_{SP}CaCO_3$ $(10^{-2pH_1}+10^{-pH_1}k_1+k_1k_2)/(k_1k_2)=0$

其中 pH_0 为处理后、平衡前的 pH（即 pH＝11）；pH_1 为平衡后的 pH（这里取 pH＝8.2）。

例1. 低碱度、低硬度

处理前：总碱度，10；钙硬度，10；盐度（S），0；温度（t），25 ℃；

处理时：生石灰用量，33.81 克/米³；

处理后（pH＝11）：钙硬度：49.866；总碱度：50.604；

平衡后（pH 回落到 8.2）：钙硬度：48.194；总碱度：48.277。

例2. 低硬度、碱度适中

处理前：总碱度，50；钙硬度，10；盐度，0.1；温度，25 ℃；

处理时：生石灰用量，82.031 克/米³；

处理后（pH＝11）：钙硬度：57.496；总碱度：58.476；

平衡后（pH 回落到 8.2）：钙硬度：46.565；总碱度：47.032。

例3. 高碱度、低硬度

处理前：总碱度，150；钙硬度，10；盐度，0.5；温度，25 ℃；

处理时：生石灰用量，193.03 克/米³；

处理后（pH＝11）：钙硬度：68.253；总碱度：69.631；

平衡后（pH 回落到 8.2）：钙硬度：48.671；总碱度：49.732。

例4. 硬度适中、低碱度

处理前：总碱度，10；钙硬度，40；盐度，5；温度，25 ℃；

处理时：生石灰用量，26.93 克/米³；

处理后（pH＝11）：钙硬度：68.253；总碱度：69.631；

平衡后（pH 回落到 8.2）：钙硬度：48.671；总碱度：49.732。

例5. 碱度、硬度适中

处理前：总碱度，40；钙硬度，40；盐度，1；温度，25 ℃；

处理时：生石灰用量，64.72 克/米³；

处理后（pH＝11）：钙硬度：77.363；总碱度：79.103；

平衡后（pH 回落到 8.2）：钙硬度：51.508；总碱度：53.115。

例 6. 高碱度、硬度适中

处理前：总碱度，150；钙硬度，60；盐度，5；温度，25 ℃；

处理时：生石灰用量，192.6 克/米^3；

处理后（pH＝11）：钙硬度，127.319；总碱度，131.096；

平衡后（pH 回落到 8.2）：钙硬度，67.864；总碱度，72.772。

以上例子虽然是理想条件，但可以发现一个事实：大剂量的生石灰处理不仅仅是消毒、清杂那么简单！大剂量的生石灰处理具有矫正水质属性的作用，使水质属性全部落到 A 区（钙硬度约等于总碱度）。此外，当 pH 高达 11 时，镁也几乎被转化为氢氧化镁沉淀，因此镁硬度也会大幅度降低。大量的钙镁沉淀也会导致许多其他离子产生共沉淀，具有重要的重金属"解毒"作用。

凡事都有例外。用简单的数学、化学模型分析使用生石灰清塘后对水质属性的影响时发现，用生石灰处理高钙硬度低总碱度的水体时根本得不到良性结果。

模型所考虑的只是暂时硬度而没有考虑永久硬度（非碳酸盐钙硬度），因此难以确定水体中钙离子的总量。典型的高钙硬度的水，如酸性硫酸盐池塘的水体，由于钙含量非常高，限制了碳酸缓冲系统的总量，抗 pH 变化的能力小。也就是说，虽然水体 pH 低，但少量的生石灰就可以引起这种水的 pH 比较大的上升幅度。

虽然高钙硬度、低总碱度的水体使用生石灰可以在短时间内引起 pH 有较大幅度的上升，但当水体吸收二氧化碳后，碳酸含量提高，又将钙离子沉淀，使 pH 回到原来的位置，俗称"返酸"现象。

因此，即使再大剂量的生石灰也难以改变高钙硬度和低总碱度水体的属性。

如果按照生石灰通过提高水体 pH，将水体中的碳酸碱度转化为碳酸根将钙沉淀的原理，是否可以考虑采用碳酸钠替代生石灰，将水体的 pH 提高到某个高水平（如 pH＝11），将水体中的非碳酸盐钙离子转化为碳酸盐钙离子，是否也具有相当于生石灰的作用？有兴趣的读者可以试一试。

第四章　池塘水文

第一节　水的结构

　　水是氢和氧的化学化合物。至少在气体状态它有分子式 H_2O。虽然相同的分子式也代表着液态水和冰的成分，在这两种形态中的分子与结构有关联，水的这种关联被认为是压缩的相而不是作为分子的简单聚合的看法是对的。因为在自然中存在三种氢和三种氧的同位素，因此，水分子有 18 个种类的可能。

　　水的物理特性在许多方面是很独特的，这种化合物的这些特性也许被认为是正常的偏离形态是非常重要的，无论是生命形式的发育和持续的存在以及地球表面的形状和组成都与之有关。水的沸点和冰点都远远高于这种低分子量的预期值，而且液态水的表面张力和介电常数也比预想的更大。水结冰时，其密度减少；事实上，水在 1 个大气压力下的最大密度发生在近 4 ℃。虽然这种行为类型在液—固转变中不是独特的，但水的这种行为对所有生命形式是最幸运的一个属性。

　　从水分子的结构考虑，液态水的物理特性很容易理解。在氧离子和氢离子之间形成的两个化学键彼此为 105°角。其结果是氢离子在分子的同一边，它赋予水具有双极的特性。这种双极特性除了简单的静电效果外，相连的氢离子保留了与带负电的离子和水分子之间的相互作用的能力。这种影响，称为氢键，存在于水的液体和固体形态中，形成定义完善的冰的晶体结构。液态水无序得多，但分子之间引力明显很强烈。将分子分离所需的能量表现在水的高汽化热，另一个是高表面张力。液态水具有一些聚合物的特性。

　　溶质离子的存在会更改水的一些物理属性，值得注意的是水的导电能力。然而，水分子的双极属性，在溶质离子以及溶剂的行为上是一个重要因素。液态水的结构的详细信息仍远远没有被充分理解。

　　双极水分子被强烈吸引在大多数矿物表面，以有序的形式排在多种形式的溶质离子周围形成鞘，将离子上的电荷与其他带电的离子隔开。水作为一种溶剂的效力与这种活性有关。这种黏性的液体湿润矿物表面和渗透到小开口的能力也提高了其风化岩石的效力。

第二节　天气与气候

大气条件的短期变化称为天气，而在一段长时间的平均天气条件称为气候。从事水产养殖工作者必须了解当地的天气和气候，特别是天气条件是如何随着季节而变化的，并且能够有多大的变化量。

最为重要的变量是：太阳辐射、气温、风、降水量、蒸发量和水文气候等。

太阳辐射。影响太阳辐射的主要因素是大气的透明度、日照时间和中午太阳照射到地面的角度。

气温。气温与太阳辐射的关系很密切，太阳辐射多的地方比太阳辐射少的地方暖和，太阳辐射多的季节比太阳辐射少的季节暖和。

风。风的速度与方向有日常性变化和季节性变化。对水产养殖来说，风是很重要的。它是天然水体流转和运动的重要动力。

降水量。不同地区不同季节之间降水量变化非常大。一般来说，暖和地区多于寒冷地区，沿海多于内陆，上升多雨而下降气流少雨。

蒸发量。蒸发是水流失和浓缩的重要因素。影响蒸发量的因素是空气的相对湿度和风速。

水文气候。水文气候指的是地球表面水的补充与流失之间的关系。它影响某些类型池塘的水位、交换量以及可用水量。

第三节　光　　照

在晴朗的日子里，太阳辐射从黎明前的 0 勒克斯稳步增加。到中午达到高峰值。水体可储存热量，太阳辐射的日变化并没有引起水体温度发生太大的变化。但是，在白天，水生植物的光合作用随着太阳辐射增强而增加，也随着太阳辐射的降低而减少。同样，厚厚的云层能减少照射到水面的太阳辐射量，并立即降低光合作用速度。

照射到池塘水体的部分光线（太阳辐射）并没有穿透水面，有一部分辐射被反射，反射量取决于水面的粗糙程度和辐射的角度。

水面越光滑，辐射角度越接近垂直，穿透水面的辐射百分率越大。随着光线穿过水体，由于水的分散和差异吸收，光谱质量发生变化，密度也降低。在纯水中，大约53％的入射光被转化为热并消失（熄灭）在第1米的范围内。而且，波长较长（红色和橙色）和波长较短（紫外线和紫色）的光线比中等波长（蓝色、绿色和黄色）的光线被吸收得更快。自然水体从来都不是纯净的，含有许多进一步干扰光线穿透的物质。自然水体的颜色是原来入射光保留下来未被吸收的结果，水的真颜色是由溶解的光线和胶状悬浮的物质所引起的，表观颜色是由干扰光线穿透的悬浮物质所引起的。

浑浊度指的是由于大小从胶质到粗粒的悬浮颗粒物质降低水的光传播能力。在池塘中，浑浊度和颜色可能是由胶质黏土、胶质性或溶解的有机物或丰富的浮游生物所引起的。在集雨区有农作物的池塘常常由于侵蚀所带来的胶质土壤而浑浊，森林地带的池塘往往被植物材料腐烂转化而来的腐殖质所染色。高密度精养的池塘往往由于添加肥料或鱼类饲料导致浮游植物繁殖而浑浊。

一般认为在光照低于水面光照度1％的深度时，光合作用速度不能超过呼吸速度。光照度在入射光照1％以上的水层称为透光带。池塘常常因为高密度的浮游生物而导致浑浊，所以透光带很浅。许多鱼塘透光带往往低于1米，赛克氏板能见度乘以2就是池塘透光带的大致深度。赛克氏板是一个直径20厘米、对角漆成黑白相间的加重盘子，盘子消失和再出现的平均深度就是赛克氏板能见度（彩图3）。

第四节 温度与分层

池塘中的水温与太阳辐射和气温有关。水温密切地跟随着气温。所以，水温一般可以根据季节和地理位置来预测。很重要的一点是，在给定位置某一特定期间的气温可能偏离常规，水温也可能偏离。

水的持热能力很大。水的比热是统一的，即1克水升高1℃需要4.186焦耳的热量。当光线穿过水体时太阳能量被吸收，水被加热。光能随深度按指数的形式被吸收，所以多数热量在水的上层被吸收。尤其是在池塘里，由于溶解的有机物质和颗粒物质的浓度高，相对于浑浊度较低的水体来说，浑浊度高的水体大大地提高了能量的吸收。热从上层水体向下层水体的转移很大程度上依赖于风的混合作用。

水的密度与水的温度有关。由于接近水体表面的热吸收更快，以及暖和的水的密度比冷水小，池塘和湖泊会形成热分层。当上层和下层水体的密度差大到风力不能将它们混合时就出现分层。概括来说，在春季解冻后和冬季末，在没有冰覆盖的湖泊或池塘，水柱的温度相对均匀。在阳光明媚的日子里，尽管热在水面被吸收，但风的混合作用没有阻力，整个水柱循环并升温。随着春季的推移，表层水体受热的速度大于通过风力的混合作用将热由上层向下层扩散的速度，最终导致上层的水体比下层的水体暖和得多，而且风速往往随着天气的暖和而下降，已经没有足够的力量将两层水体混合。上层称为变温层，下层称为均温层。在变温层和均温层之间有一个温度差异显著的水层被称为变相层。不过，更常用"跃温层"来描述中间层。在湖泊方面，跃温层被定义为随着深度的增加温度下降的速度至少 1 ℃／米的水层。跃温层在水面下的深度则随着天气条件而变动。但大多数湖泊在秋季到来之前分层不会消失。在秋季期间，气温下降，表层水体的热散失到空气中，最终上下层之间的密度差下降到风力的混合作用引起整个湖泊的水体循环并使分层消失。

水产养殖的池塘更浅、更浑浊，更能抵抗风力，而且表面积比湖泊小。常规温水池塘的平均深度很少超过 2 米，面积很少大于几公顷。然而，在无风、阳光充足的日子里，由于浑浊条件导致表层水迅速升温，即使是非常浅的池塘也会形成显著的温度分层。跃温层的传统定义对池塘并不适用，因为甚至在冬天，温度梯度往往超过 1 ℃／米。在池塘温度分层期间，跃温层的温度变化最大，所以很容易辨认。

分层的稳定性是由将整个水体混合至温度一致所需要的能量而决定的，所需能量越大，分层越稳定。水产养殖的池塘往往相对比较小而浅，分层不像大水体那么稳定。强风可能提供足够的能量，导致完全对流，或冷而大的降雨进入暖和的变温层引起对流使分层消失。由于浮游生物水华的消失导致加热层变深也会引起完全混合。

水体分层是池塘诸多问题的主要根源：分层导致水体底层还原物质所形成的氧债积累，如果氧债所需要的氧气大于水体溶解氧的总和，一旦由于某种原因在短时间内消层，将导致整个池塘完全缺氧而全军覆没，如果这种消层是由降雨引起的，俗称"白撞雨"（彩图 4）；分层导致底层有毒物质产生，引起养殖动物慢性或急性中毒，对虾的偷死可能与底层有毒物质有关；分层导致溶解氧低的底层水体中大量病原微生物生长，是导致鱼病发生的重要因素；分层导致植物营养素得不到及时周转，不能回到上层供透光层的浮游植物生长，是导致浮游植物老化的重要因素；分层同时也是导致蓝藻暴发的重要因素。因此，池塘水体上下温差的管理是水质管理、病害预防、生态稳定的关键。

第五节　降　　雨

　　水产养殖的池塘有 3 种基本类型：集雨区池塘、挖掘池塘和筑堤池塘。集雨区池塘是在地形允许储水的自然水道上筑堤而成的。一般的情况是，这种类型池塘的堤坝是建造在形成集雨区隘口的两个小山之间。集雨区池塘可能只有径流水供应，或可能是径流水、溪水和地下水混合而成。挖掘池塘是在地上挖坑而形成的，在地下水位接近地面的地方水源可能是地下水；也可以建造在低洼地以便用地表水灌注或使用井水。在筑堤池塘里的水是被"关"在由堤坝围起来的区域内的。几乎没有径流水进入筑堤池塘，所以，只能用井水、水库水、溪水或河口水灌注。

　　一个池塘不可能只靠直接进入池塘的雨水来灌注并维持水位。而且，雨水也并不总是可靠，两次大到足以形成径流水的降雨之间的时间可能很长。完全依靠径流水灌注的集雨区池塘在比较干燥的月份，甚至不是在显著的干燥季节的潮湿气候的月份里水位可能很低。水产养殖的池塘需要相对稳定的水位，最好有水源能迅速重新灌满池塘。过度的水位下降会由于破坏产卵区、底栖生物、饵料生物和引起密度过高而对鱼类有不良影响。在长期的干燥期间，溶解的物质会浓缩，而在潮湿期间，溶解的物质会被稀释。如果池塘排水捕鱼，但又不能迅速回水，会失去部分或全部生长季节。当然，在大多数情况下，大量水流快速冲刷池塘并不理想，这会带走浮游生物和营养物质。

　　当然，如果人为排水、水交换或取池塘中的水使用；或集雨区池塘的水源是由井水供应；或一个围堤池塘拥有一个比常规大得多的集雨区，则水的收支预算方程需要调整。

降水量的测定方法是众所周知的，池塘的蒸发量可以用皿蒸发来测定，库存差异可以通过水深的变化来测定，地表径流量可采用曲线数字技术进行估计，如果有溪水流入池塘，可以采用拦河堰或水道来估计。在没有降雨、没有人为加水或排水的日子里每天水位变化量和池塘蒸发量之间的差异，是渗漏量最佳的估算方法。

我国有许多水库养殖，包括网箱养殖。由于水库往往牵涉农业用水，因此，还必须考虑农业用水。曾经出现过有些水库被承包后，养殖户没有考虑到农业用水问题，导致水库水位太低，造成水体太小而全军覆没。而河道或水道网箱养殖由于水库放水导致网箱被冲垮或上游不放水导致下游网箱水质恶化几乎每年都有报道。

第六节　水中化学物质的溶解度

当水与岩石和土壤矿物接触时，岩石和矿物就会溶解。其溶解度取决于两个方面：一方面取决于组成这些矿物的元素的离子半径、原子价、极化度、化学键类型及其他物理—化学性质；另一方面取决于温度、压力、浓度、pH、pe（Eh，即氧化还原电位）等外界条件。

具有离子键型的矿物通常比共价键矿物更容易溶解。例如在硫酸盐中，阳离子与阴离子硫酸根之间的化学键是离子键，这些盐的溶解度就比由共价键构成的硫化物大。

离子键矿物的溶解度，随离子半径的增大和原子价的减少而增加：Na_3PO_4、Na_2SO_4、Na_2CO_3 是易溶性的，而 $Ca(PO_4)_2$、$CaSO_4$、$CaCO_3$ 是难溶性的。

根据元素化合物在蒸馏水中的溶解度，可将元素的化合物划分为下列几类：

（1）极容易溶解的和极容易带出的：溶解度可达每升几百克或几十克，如钾、钠、铯、铷的卤化物、硫酸盐、硼酸盐和硅酸盐。

（2）溶解的（可带出的）：钙、镁、镍、锌、钴、铁、锰（均为二价）的卤化物、硫酸盐和重碳酸盐类。

（3）难溶解的（弱带出的）：锶的硫酸盐，钡、锶、锌、银的碳酸盐和硅酸盐。

（4）最难溶解的（活动性小的）：铅的碳酸盐，锌、钙、二价锰的硅酸盐和铜的碳酸盐。

（5）不溶解的（稳定的）：三价铁、四价锰、三价钛和三价钴的氢氧化物。

氯化钙、硫酸钙的溶解度比碳酸钙高，因此，这两种盐含量高的水体不能用石灰提高碱度（或 pH），必须使用溶解度更高的碳酸盐，如碳酸钠。

碳酸铜是最难溶解的，因此，高碱度或高 pH 水体用硫酸铜杀藻所需要的铜离子的剂量比低碱度的水体要高得多。

含亚铁离子高的地下水只要曝气将铁氧化为三价铁，加点石灰提高 pH，就可以形成不溶解的氢氧化铁沉淀而除去。

笼统而言，在水质处理前期，如果水中含有的重金属离子浓度较高，常使用螯合剂螯合过多的离子，最常用的螯合剂是乙二胺四乙酸钠（EDTA - 2Na），由于其结构中有 2 个 Na^+，很容易被稳定常数较大的离子置换而减少水中的重金属离子浓度。常见重金属离子的稳定常数大小依次为：汞＞镍＞铅＞镉＞锌＞钠。因此，EDTA - 2Na 可以螯合所有有毒作用的重金属离子，对虾苗的安全浓度是 35 毫克/升。但因其难溶于海水，需要先用温淡水溶解后才能使用。

第七节　盐　　度

盐度是池塘水文的重要指标，不仅影响养殖生物，而且影响着池塘生物群落组成。从盐度来分，有海水池塘、半咸水池塘、低盐水池塘和淡水池塘之分。根据《中国内陆水域渔业资源调查和区划（1990）》规定，按照矿化度的高低对天然水做如下分类：

（1）淡水　缺盐水<0.1 克/千克；淡水 0.1～0.5 克/千克；浓淡水0.5～1.0 克/千克；咸淡水 1～3 克/千克。

（2）半咸水　3～10 克/千克。

（3）咸水　10～40 克/千克。

（4）盐水　>40 克/千克。

上述是标准分类。但一般来讲，习惯上把盐度低于 1 的称为淡水池塘；盐度 1～10 的称为低盐度池塘；盐度 10～25 的称为半咸水池塘；盐度 25～34

的称为海水池塘。

南美白对虾属于广盐性动物。在高盐度环境中，需要将体内多余的盐分排出体外，保持体液内的正常水分；在较低的盐度条件下又需要摄取足够的盐分，排掉多余的水分。在这种渗透压主动调节的过程中，对虾要消耗体内储存的能量。对虾的最适盐度称为等渗点，处于等渗环境时，不需要进行耗能的渗透压调节，生长状态最佳。然而，对比不同对虾种类的等渗点和最适盐度时，发现这两者并不完全一致。例如，对于南美白对虾而言，等渗点为718mOsm/kg，相当于盐度 25，而其最适生长盐度为15～25，低于等渗点盐度。

低盐度水体中，对虾通过鳃吸收盐分，由触角腺分泌出低渗尿。对虾鳃表皮存在 Na^+—NH_4^+ ATP 酶，起到离子交换作用。对虾的渗透压调节，除了阳离子以外，氯化物和有机物也起着重要作用，氯化物在血淋巴的渗透压调节中占 39.5%～49.6%，而且随着盐度提高其调节作用也增大。

盐度还可以影响虾的氮排泄。虾对含氮化合物的分解代谢和排泄产生 3 种主要终产物：氨、尿素和尿酸。蛋白质和氨基酸降解主要产生氨；核酸的降解主要产物是尿酸，尿酸也可能转化为尿素，并最终通过脲循环转化为氨。在盐度较高时（一般大于1），对虾的尿素排泄量增加，主要原因是尿素中的 NH_4^+—N 增加用于部分取代 Na^+ 和 K^+。在低盐度条件下，氨基酸作为主要的能量代谢底物，因此大部分的氮排泄底物是 NH_3—N。所以，在低盐度水体开展对虾养殖，溶氧含量在对等条件下会优于高盐度水体，但在氮排泄上，却有显著劣势。在低盐度水体养虾，要尤其注意三氮（硝氮、亚硝氮和氨氮）的控制和 pH 的升高，养殖中后期，pH 超过 8.5 就有一定的危险性。而海水养虾中，pH 的预警线在 9.0 以上。

第八节　盐度与对虾蜕皮

盐度还可以显著影响对虾蜕皮，不同种类、不同发育期的对虾对盐度的耐受能力不同。较高的盐度（35～40）会抑制对虾蜕皮、减缓生长。在对虾养殖中定期适当降低盐度往往可以有效地促进其蜕皮生长，但日本对虾等非广盐性种类则对于较低的盐度敏感。盐度的变化会直接影响对虾的蜕皮与生长，南美白对虾在较低盐度下生长较快，高盐度抑制其生长。在对虾养殖过程中，可以通过降低盐度促进其蜕皮与生长。

雨后的池塘表面常常漂浮着大量对虾的壳，因此很多人认为突然降低盐度会加快对虾的蜕皮。在实验室内，人为地定期降低盐度（4～10 天），发现在一定的波动幅度内（5 以内），对虾蜕皮周期有缩短的趋势。这说明在一定的波动幅度内改变盐度能促进对虾的蜕皮，但如果波动幅度过大则会抑制对虾的蜕皮，所以连续降雨会导致对虾异常蜕皮。降低盐度促进对虾蜕皮的机制可能主要是由于环境条件的改变刺激了对虾的生理活动，使之产生应激反应，从而表现出蜕皮行为。对虾蜕皮过程均发生在晚间。蜕皮是复杂的生理学过程，血液系统、排泄系统、神经系统、离子调节、新陈代谢、生殖、血液循环等都参与其中。特别是在脱去旧的外骨骼前后，对虾会摄入相当量的水分，使柔软的新皮膨胀，也促进新组织生成。对虾蜕皮虽然经历时间短暂，但风险也非常大，此时最容易导致大批死亡。总的来讲，三个方面因素制约蜕皮后成活率，即机械、生理和生物。首先要面临的是从旧壳中退出膨大的螯足时遇到的机械困难；紧接着是体表渗透压的改变，这是会造成体液的离子比例和总浓度发生明显变化，从而存在生理上的潜在危险；刚刚蜕皮的对虾，必须及时逃避敌害掠食和同类相残，直到新皮钙化为止。

内陆水域开展对虾养殖中，要密切注意钙离子和镁离子的含量。在淡水中，添加 0.2% 的氯化钠，养殖的南美白对虾在 5 天后全部死亡；添加氯化钠的同时又添加了钙离子和镁离子，则对虾的生理活动一切正常。钙和镁的多寡不仅直接影响到对虾的存活，对其生长影响也很大。在钙离子含量较低的水体中养殖的南美白对虾，获得钙离子相对较少，蜕皮后表皮钙化困难，导致蜕皮间隔延长，生长缓慢。

第九节　池塘水文与水质控制

池塘养殖水质控制的目标是为养殖动物提供并维持一个相对稳定的、各种水质参数适合于该动物生存、生长的水生生态环境。稳定是相对的，不稳定是绝对的。所有参数几乎时时刻刻都处于变化之中（如溶解氧、pH、温度乃至各有机、无机种营养素等）。池塘养殖水质控制的内容，就是将这些参数控制在某个变化幅度之内。

其一，对于一个给定条件（盐度、温度、pH、光照）的池塘，要稳定其各种参数，必须也只需维持水体中各种物质含量的稳定。但是，池塘养殖过程是不断需要输入物质——饲料的，所以，池塘养殖水质控制的本质，就是把每天投入到池塘的饲料所产生的废物处理干净。因此，养殖人员首先必须建立一个养殖废物的处理系统，以确保池塘每天产生的养殖废物得到处理。这个处理系统，就是池塘生态系统。

其二，由于随着养殖的进行，养殖动物的生物量不断增长，因此，饲料的投入量也在不断增加。所以，池塘生态系统平衡也在不断地被破坏和重建。养殖人员必须不断调整生态系统的组成和运作方式去提高系统的处理能力以适应养殖废物的日益增加。例如，前期饲料投入少，养殖废物少，一般只需要采用光合生态系统处理（天然生产力）就可以满足要求，但到了养殖中后期，饲料投入量大，养殖废物多，单纯靠光合生态系统处理已经不能满足生产的需要，必须引入腐生生态系统（辅助生产力）协助处理。同时，养殖人员还必须十分清楚这种动态平衡的极限和对应外界条件变化（如天气变化）的可控程度。

水质控制目标是水质参数，如溶解氧、pH、氨氮、亚硝酸等，而这些参数的变化是生物活动的结果，因而水质控制是通过控制池塘生态系统中的生物活性来实现的。所以，养殖人员要非常明确，控制池塘生物的目的是为了控制水质参数，而控制水质参数的目的是为了给养殖动物提供一个良好的生存生长的环境。

池塘水质能否得到有效控制，关键的一点是池塘的承载能力与养殖密度是否匹配。如果养殖人员想增加养殖密度，提高产量，必须通过提高池塘的承载能力去实现。盲目通过提高养殖密度去提高产量是很难实现可持续的，哪怕不惜通过向环境转嫁污染而获得短期效益。当前许多养殖区域的现状表明，盲目提高产量是导致养殖环境恶化、病害流行、产品药物污染的根源。

由于某些原因，养殖行业的服务部门与研究机构热衷于鱼虾病害防治技术研究而不大愿意从事高产养殖基础研究。大多数高产养殖是依靠"药物"来控制水质的。但是，这只能解决一时问题，因为用药物控制病原必然导致病原的变异而产生耐药病原菌。30年来病越多药越多，药越多病越多的事实已经证明了这一点。

近些年来，我们也大力推行"新技术"——生物制剂。确实，生物制剂对养殖环境的生物具有一定的调节作用，在一定程度上可以提高水体的自净能力，也就是提高池塘的承载能力，取得了一定的效果。但是，我们没有深入去探讨其机理，正确合理使用，而是被商业炒作、误导和滥用！

第十节　高手在民间
——蓝星村南美白对虾养殖

合浦县党江镇蓝星村位于南流江入海口，土质属于典型的冲积湿地，含沙略高，渗漏相对严重。据当地养殖户介绍，挖池塘时能挖到红树遗骸，一般池塘本底土壤偏酸。根据网络上的资料介绍，有些地方淤积厚度可达数十米。

南流江江水泥沙含量高，堪比黄河水。经过长距离水渠沉淀、用于自来水厂处理的水，还是浑浊不堪（彩图5）。

一方面，由于实在浑浊，另一方面，由于年久失修，进排水渠道基本淤塞，无法通水。因此，蓝星村对虾池塘基本采用地下水灌注。池塘一般较浅，平均1米左右；面积也不大，一般2～3亩。由于土壤含沙，堤岸容易崩溃，多数采用地膜护坡。大多数池塘老化严重，路边时常可以看到荒废的池塘，塘底要么长出近米高的杂草，要么改种农作物。

根据当地服务人员介绍，2017年党江一带第一造赚到钱的约五成（近三四年来最好的成绩），中造大约两成，晚造估计不会超过三成半。

蓝星村地下水含铁很高。刚抽出来清澈的地下水，次日曝气后即发红，池塘边上护坡地膜上，沉淀出厚厚的一层红色氧化铁（彩图6）。

我们当场检测了一户养殖成绩比较好的养殖户的井水的pH、总碱度和氨氮，结果令人费解：pH不足6.5，但总碱度却高达90～100！氨氮颇高（彩图7）。

据养殖户反映，尽管刚抽出来的水体总碱度高，但进入池塘后立刻降低。仔细观察刚抽上来的井水，上面还有依稀可见的油膜。有一定的盐度（据说一般盐度为3～5）。井水在矿泉水瓶中密封放置数小时之后，变得相当浑浊（彩图8）。

我们走访了两位高手，其中一位就是用图4-6所示的水，在深度1米左右的池塘养虾，谁能相信，这样的条件，不仅能够把虾养出来，2017年第一造还取得了亩产1000千克的成绩！另一位高手，早造的平均亩产也达到750

千克，中造 350～400 千克。这才是真正的高手！

由于使用的都是地下水，因此不同池塘之间水质差别很大。大多数井水 pH 低，总碱度也低，尤其是进入池塘与酸性土壤交换之后。据了解，当地大多数池塘总碱度都在 20～30。因此，蓝藻频发是当地对虾养殖最常见的水质问题。

有个养殖户介绍，他家的井水刚抽出来时 pH 也低，但总碱度比较高（90 左右），但进入不同池塘后，总碱度降低的幅度却相差较大，有的降低到 50 左右，有的降低到 20～30。

可以肯定，不同池塘总碱度降低程度不同是池塘底部土壤差异引起的。但低 pH 高总碱度实在难以解释，何况进入池塘后总碱度大幅度降低是当地的一种普遍现象。一般来说，总碱度降低一定是阳离子流失所造成的，而总碱度大幅度降低必然是井水抽出来后有大量的阳离子流失。显然，这个大量流失的阳离子就是铁！

是否可以这样解释：根据当地地质分析，地层的沉积过程中夹杂着大量的硫化铁（酸性硫酸盐土壤成分），同时富含有机物质（证据是红树遗骸和微量形成油膜的石油），在地质演变过程中和微生物的作用下，产生大量的二氧化碳，高浓度的二氧化碳水合形成碳酸，使得水体偏酸，碳酸溶解硫化铁形成高浓度的碳酸氢铁（井水 pH 低而铁含量高也是证据）。井水抽出地面与氧接触后，碳酸氢铁中的铁被氧化并发生双水解反应：

$$4Fe(HCO_3)_2 + O_2 + 2H_2O \rightarrow 4Fe(OH)_3 \downarrow + 8CO_2$$

即每沉淀 1 毫摩尔铁，会造成 2 毫摩尔总碱度的流失！也就是说，如果井水抽出来后，总碱度降低碳酸钙 50 毫克/升，必然有铁 0.5 毫摩尔/升沉淀。

总碱度低，是当地池塘容易暴发蓝藻的原因，但总碱度低，又是这些池塘水浅而不受气泡病伤害的好处。铁含量高，容易因絮凝堵塞虾的鳃部引起黄鳃，但大量的铁存在，又有将酸性硫酸盐池塘底部容易产生的硫化氢转化为硫化铁沉淀而降低硫化氢毒性的作用！如果简单地大幅度提高总碱度（使用石灰还是小苏打，还要根据水体钙浓度来确定），有可能由于当地池塘水体浅而光合作用太强引起气泡病。

如何把握这得失利弊，是成功与失败的关键！因此，这种环境之下，对虾难养，也是事实。但如果把握得当，高产也并非不可能，不是一造半造偶然成功，而是连续几年，相对比较成功。

第五章　池塘微生物

第一节　微生物的生态功能

一般认为"植物合成、动物消费、微生物分解，是地球生物圈生生不息的基本物质循环模式。微生物是自然界的还原者，将各种有机废物分解、矿化，释放出矿物质和能量，使自然界物质得以循环。"其实，任何异养生物都是还原者。例如，鱼虾摄食饵料生物，一部分饵料生物的能量被同化，一部分饵料生物被异化，被异化的部分就是被还原，回归自然。也就是说，食物链的每一个节点，同时存在着同化作用和异化作用（即矿化作用）。

同样，微生物利用分解有机物所释放的能量，将有机物质矿化，同时也将一部分能量合成自身物质用于生长，使部分能量和物质（能量的载体）再进入生物链。

如果说植物或藻类的光合作用是生态系统光合食物链的开端：

$$16NH_4^+ + 92CO_2 + 92H_2O + 14HCO_3^- + H_2PO_4^- \rightarrow C_{106}H_{264}O_{110}N_{16}P + 106O_2$$

那么，我们也可以认为，微生物的生物合成（生长）是生态系统腐生食物链的开端：

$$NH_4^+ + 7.08CH_2O + HCO_3^- + 2.06O_2 \rightarrow C_5H_7NO_2 + 6.06H_2O + 3.07CO_2$$

就水生生态系统而言，光合食物链和腐生食物链都进入基本食物链的物质循环：藻类和微生物→原生动物→浮游动物→小型动物→大型动物→微生物→藻类……如此往复循环。

在天然水体中，生态系统的物质循环和能量流动是由光合作用从外部输入能量，物质是内部循环。因而驱动生态系统的能量流动和物质循环是以藻类的光合食物链为主。而在池塘养殖中，除了藻类的光合食物链外，饲料的投入是能量与物质同时输入，由于养殖动物对饲料的转化率比较低，还有大部分养殖动物未消化吸收和转化的物质不仅需要通过微生物进行矿化还原（即净化），同时微生物本身也作为有机营养物进入腐生食物链。因此，微生物可以说是池塘养殖，尤其是高产（高饲料投入）池塘的基础生态系统的基础。这也是"低产养藻，高产养菌"的道理所在。

因此，了解微生物生态，尤其是了解细菌及细菌之间的相互关系，以及腐生食物链的结构和组成，是将来池塘养殖高产、可控、生态的基础。

第二节　微生物的协同作用

自然界一切含有化学能的物质几乎都能被微生物加以利用！即使是人工合成的物质，如塑料，短短的几十年内，自然界都已经进化出拥有分解、利用塑料酶系的微生物。可以说，微生物无所不能，只有你没想到的，没有它做不到的。

生物进化的方向是获能最大化、效率最大化。而获能的目的是用于繁殖。这是生命的本质，微生物尤为如此。

水生生态系统中的微生物尤其微妙。共生与协同作战，使得尽管单个微生物是那么脆弱，那么娇气，但只要它们长在一块，就非常坚韧，非常顽强。

微生物因为太小，它们获得营养的方式是通过扩散而不是"吃"进。所以，对于环境中的大分子营养素，如蛋白质、脂肪、淀粉或甚至纤维素等，微生物只有先分泌水解酶和消化酶，将这些物质分解成可以直接通过扩散而吸收的氨基酸、单糖或更小的物质。

由于微生物的这种体外消化的特点，在一个水生生态中，只要有一种微生物能分泌蛋白酶，将水体中的蛋白质分解成氨基酸，那么，周围的其他微生物都可以一起分享。这就使得缺乏蛋白酶的微生物能够得以在环境中生存。

尽管自然界大多数微生物能力很低，只能做一点点"工作"，但由于它们的协同作用，使得彼此都可以生存。如果把一种物质的降解过程看成是一条流水线，微生物就是每个"岗位"上的工人。例如，蛋白质的矿化：有的微生物分泌蛋白酶，先将蛋白质卸成几大块——多肽；有的微生物分泌多肽酶，将肽分解成氨基酸；有的微生物将氨基酸分解为氨和脂肪酸；有的微生物将脂肪酸分解为二氧化碳；有的微生物将氨转化为亚硝酸；有的微生物将亚硝酸转化为硝酸；有的微生物将硝酸转化为氮气。这样，经过大伙儿的协同作用，将蛋白质最终矿化为氮气和二氧化碳。

微生物的这种协同作用，使得微生物世界看起来又是一个非常有"组织"的团体。

一个生态系统，必须含有生命活动所需要的所有物质和酶系。但是，对于单一一个微生物而言，借助于微生物的这种共享与协同机制，它又可以非常的不完善。因此，水生生态系统中的绝大多数微生物是难以单独生存的，也就是通常所说的——不可培养。

有人说，自然界98%的微生物是不可培养的。笔者认为，对于水生生态系统来说，可培养的微生物更少。可以说，我们对水生生态系统中的微生物的认识，连皮毛都谈不上！

如果把池塘比喻成一个人，那么，池塘里的微生物就如人的细胞。虽然我们吃饭可以养活身上的所有细胞，但大多数细胞基本上没办法单独培养。池塘里的微生物也一样，大多数微生物也无法单独培养。

第三节　微生物的种类

1. 按能量与碳源来源分类

（1）化能异养菌（氧化还原物质获得能量，将有机碳同化为细菌物质，如枯草芽孢杆菌）。

（2）光能异养菌（俘获太阳辐射能为能量，将有机碳同化为细菌物质，如紫色非硫细菌）。

（3）化能自养菌（氧化还原物质获得能量，将无机碳同化为细菌物质，如硝化细菌）。

（4）光能自养菌（俘获太阳辐射能为能量，将无机碳同化为细菌物质，如红硫细菌）。

2. 按电子受体分类

（1）好氧菌（以氧气作为最终电子受体，如枯草芽孢杆菌）。

（2）厌氧菌（以有机小分子或无机氧化物作为最终电子受体）。①以有机小分子做电子受体，如乳酸杆菌；②以氮氧化物做电子受体，如脱氮杆菌；③以铁氧化物做电子受体，如铁还原菌；④以锰氧化物做电子受体，如锰还原菌；⑤以硫氧化物做电子受体，如脱硫杆菌；⑥以二氧化碳做电子受体，如沼气产生菌。

（3）兼性好氧菌（有氧时以氧气为最终电子受体，无氧时以无机氧化物作为最终电子受体）。

3. 按形态分类

（1）球菌（如葡萄球菌、链球菌）。

（2）杆菌（如芽孢杆菌、大肠杆菌）。

（3）弧菌（如溶血弧菌、霍乱弧菌）。

（4）螺旋菌（如钩端螺旋菌、幽门螺旋菌）。

4. 按着色结果分类

（1）革兰氏阳性菌（革兰氏染色显阳性，如金黄色葡萄球菌、枯草芽孢杆菌）。

（2）革兰氏阴性菌（革兰氏染色显阴性，大肠杆菌、肺炎杆菌）。

5. 按培养方式分类

（1）可培养细菌。

（2）不可培养细菌。

6. 其他　特征命名的，如能产乳酸的细菌都称为乳酸菌；能形成芽孢的杆菌，都称为芽孢杆菌。

第四节　微生物的营养来源

世间任何生物都需要新陈代谢，微生物也不例外。微生物由于个体小，结构简单，没有专门用于摄取营养的器官。因此，微生物的营养物质的吸收以及代谢产物的排出都是依靠细胞膜的功能来完成的。

大分子的营养物质（如蛋白、脂肪和多糖）需要由微生物分泌的胞外酶事先水解成可溶性小分子才能被吸收。

根据微生物周围存在的营养物质的种类和浓度，按照细胞膜上有无载体参与、运送过程是否消耗能量以及营养物是否发生变化等，将微生物对营养物质的吸收方式分为：被动扩散、促进扩散、主动运输和基团转位四种方式。

1. 被动扩散　简单扩散，当细胞外营养物质的浓度高于细胞内的营养物质浓度时，存在浓度差异，营养物质自然从高浓度的地方（胞外）向低浓度的地方（胞内）扩散，当胞内外的营养物质浓度达到平衡时，扩散便停止。

用这种方式运输的物质有：水、二氧化碳、乙醇和某些氨基酸。

特点：①扩散是非特异性的，速度取决于浓度差、分子大小、溶解性、pH、离子强度和温度等；②不消耗能量；③不需要载体蛋白，不能逆浓度梯度进行，运输速度慢。

缺点：很难满足微生物的营养需要，没有选择性。

2. 促进扩散（或称协助扩散） 利用营养物质的浓度差进行。需要细胞膜上的酶或载体蛋白的可逆性结合来加速运输速度。即载体在膜外与高浓度的营养物质可逆性结合，扩散到膜内再将营养物质释放。

特点：①动力来源于浓度差；②不消耗能量，不能逆浓度运输；③需要载体蛋白参与，能提前达到平衡；④被运送的物质不发生结构变化；⑤运送的物质具有选择性或高度专一性。

3. 主动运输 在提供能量和载体蛋白协助的前提下，将营养物质逆浓度梯度运送。此为微生物新陈代谢的主要运输方式。

特点：①消耗代谢能；②可逆浓度运输；③需要载体蛋白参与，但运输后不改变结构；④被运送的物质具有高度的立体专一性。

能量来源：好氧微生物来自呼吸能，厌氧微生物来自化学能，光合微生物来自光能。

主动运输的营养物质有：无机离子、有机离子和一些糖类（如葡萄糖、蜜二糖）。

4. 基团转位 一种即需要载体，又消耗能量，并且转运前后营养物质发生分子结构变化的运输方式。

特点：①消耗代谢能；②可逆浓度运输；③需要载体蛋白参与；④运输后会改变分子结构；⑤被运送的物质具有高度的立体专一性。

主要用于运送：葡萄糖、果糖、甘露糖、核苷酸、丁酸和腺嘌呤等。

四种运输营养物质方式的比较见表5-1。

表5-1 四种运输营养物质方式的比较

比较项目	被动扩散	促进扩散	主动运输	基团转位
特异载体蛋白	无	有	有	有
运输速度	慢	快	快	快
物质运输方向	由高浓度至低浓度	由高浓度至低浓度	由低浓度至高浓度	由低浓度至高浓度

（续）

比较项目	被动扩散	促进扩散	主动运输	基团转位
细胞内外浓度	相等	相等	胞内浓度高	胞内浓度高
运输分子	无特异性	特异性	特异性	特异性
能量消耗	不需要	不需要	需要	需要
运输后物质结构	不变	不变	不变	改变

第五节　同化与异化

　　微生物吃东西的目的是用于生长。当然，要生长就得合成新细胞的建筑材料，因此，必须消耗能量。微生物的能量来源主要有化能和光能，对于池塘养殖来说，主要来自化能。也就是说，微生物吸收的营养素有一部分用于燃烧产生能量，我们称为"异化"；一部分用来合成产生细胞物质，我们称为"同化"。如果我们想培养微生物作为天然饲料，我们当然希望同化效率越高越好；如果我们是利用微生物进行污水处理，我们则希望同化效率越低越好。

　　生命进化的方向是提高效率！生命越高等，同化效率也就越高。尽管细菌的生命形态比较原始，同化效率不是很高。但是，它们能够生存到今天，至少在同类中，它们的同化效率是最高的了。提高同化效率的根本手段就是提高异化过程的产能效率！也就是说，你的炉灶要比别的微生物先进，烧了同样数量的木材，得到的能量比别的微生物多。

　　提高异化产能效率的关键，是电子受体！氧作为电子受体的氧呼吸产能效率比有机物作为电子受体的厌氧呼吸产能高。所以，酵母菌在有氧的条件下绝不用有机物做电子受体。从电子受体的角度看，产能效率的顺序是：氧呼吸＞氮呼吸＞锰、铁呼吸＞硫呼吸＞碳呼吸。

　　微生物的"节约原则"。微生物吸收营养，用于生长（对于微生物而言，生长就是繁殖）。要生长就得合成构成细胞的物质，而且每种物质需要多少数量，都能十分精确地控制。例如，微生物繁殖一代需要 100 个甘氨酸，它绝不会合成 101 个！这是残酷的物种竞争中进化出来的结果。因为如果你多合成了，说明你的效率就低一些，在竞争中就可能被淘汰！

　　微生物是如何控制"产量"的？这就牵涉到基因的表达与控制了。例如，微生物要繁殖，需要 100 个甘氨酸，就要启动甘氨酸合成的机器。首先，控制中心下达指令，启动甘氨酸合成生产线（基因上的启动子活化），开始合成甘氨酸（基因表达），当合成的甘氨酸数量满足繁殖需要（100 个）时，控制中心就下达指令，关闭甘氨酸合成生产线。

当然，有些微生物"断电开关"坏了，关不了了！甘氨酸会一直生产下去，如果细胞体内甘氨酸大量积累，这个微生物就活不下去了。如果这个微生物的细胞膜上刚好有个"洞"，能把多余的甘氨酸处理掉（排出细胞外），这个微生物还能活下来，当然，繁殖速度就大幅度降低了，在自然界也就没有什么竞争力了。

目前所有氨基酸发酵工业利用的就是这个原理。要么筛选自然界自己搞坏"断电开关"的微生物，要么利用现在先进的基因敲除技术直接把微生物的"断电开关"基因敲掉（也就是通常说的工程菌）。当然，这种微生物必须严格在无菌条件下培养，因为任何普通微生物的生长速度都比它快。

所以，要明白，当我们以微生物细胞为目标时，我们要提高同化效率（如用葡萄糖通过谷氨酸杆菌生产味精，投入同样数量的葡萄糖，产生的味精越多越好）；如果我们是利用微生物进行"鱼虾生活污水处理"，我们应当尽可能提高异化效率（污水处理厂微生物同化的"产品"就是活性污泥，是另一种形式的污染物，所以，对于污水处理而言，同化效率越低越好，也就是污泥越少越好）！由于微生物是比较古老的，同化效率比较低，因此，用微生物进行鱼虾生活污水处理才是正确的（目前水产养殖污水处理方式五花八门，大家可以据此给予判断，以免被忽悠）。

第六节　饥饿状态的微生物

前面我们说过微生物吃喝的方式。而微生物几乎什么都能吃。任何天然物质，只要有能量可以利用，它们都不放过。那么，在自然界，谁给微生物提供食物？

（1）动植物的有机分泌物，尤其是藻类胞外分泌物。一般来说，藻类在生长过程中也会分泌一些物质，有些是与外界进行物质交换，而更多的是当部分营养素缺乏时，光合作用的产物不能有效地用于生长，多余的有机物质就会分泌到环境中。一般情况下，对数期之前的藻类胞外分泌物主要是用于物质交换，而对数期过后的藻类由于生长速度降低，胞外分泌物就会增加。

据报道，藻类的胞外分泌物占光合作用总产物的比例从不到 5% 到大于 95%。有过培藻经历的技术人员都知道，大面积培藻后期经常会出现杂菌数量增加的现象。池塘也一样，蓝藻暴发后期微生物密度也会增加。不同的藻类的胞外分泌物结构不同，与之相适应的微生物也不同。藻类多样性丰富，微生物种群多样性也丰富，藻类单一，微生物多样性就会降低。

（2）动植物排泄物中的可溶性物质。

（3）动植物的尸体。

在养殖的池塘里，人工投入饲料，溶解和散失的饲料有机成分是微生物的重要营养来源。因此，投多少饲料，长多少细菌是必然的，不让微生物生长，那谁来帮你净化水质？池塘长什么微生物，取决于饲料成分和供氧条件以及温度、盐度、pH 等因素。物竞天择、适者生存是池塘微生物的生存法则，不是你加什么微生物就能长什么微生物的。

狗饿极了会跳墙，兔子饿极了会咬人！饥饿状态下，微生物也会主动进攻！

溶藻菌：正常情况下，健康的藻类是不会被微生物"吃掉"的。但是，当营养缺乏和营养素不平衡时，微生物就会产生分泌物。如果，这种分泌物恰好能溶解藻类，微生物就能大吃特吃了，我们称这些微生物为溶藻细菌。

致病菌：同样如果微生物的分泌物对动物有毒，就会引起动物中毒死亡，微生物又有东西吃了，我们称这类微生物为病原菌。

其实，自然界大多数病原微生物都是条件致病菌。

需要说明的是，自然界那些可沉降的有机物质（如动植物尸体）都会沉到池塘底部，向外扩散速度很慢。溶解并均匀分散到水体里面，供悬浮于水中的微生物吃喝的并不多，主要是藻类胞外分泌物。

第七节　胞外分泌物

微生物吃喝了，总要新陈代谢或主动分泌的，我们称之为代谢产物或分泌物。但代谢和分泌是不同的。代谢出来的我们称为代谢终产物，分泌出来的我们称为胞外分泌物。

微生物代谢了些什么呢？有些微生物吸收葡萄糖，只能部分利用，剩下的就代谢出来了。如酵母在有氧状态下代谢二氧化碳，无氧状态下代谢乙醇；

乳酸菌吃了葡萄糖，代谢乳酸。特别由于是厌氧微生物三羧酸循环不完善，不能将有机物都彻底矿化为二氧化碳，可以说，微生物代谢的产物应有尽有，如甲醇、乙醇、丙醇、异丙醇、正丁醇、琥珀酸、酒石酸……只要你能想到的，都有微生物能代谢出来！

当然，一种微生物的代谢终产物又是另一种微生物的"食物"，这就构成了错综复杂的微生物生态系统，最终把所有有机物都矿化成无机盐，回归自然。

微生物胞外分泌物有几大类：

第一类是胞外酶，用于水解和消化大分子营养物。目前微生物胞外酶领域已成为海洋生态学的研究热点，众多学者对不同类型环境中的各类胞外酶活性展开了广泛研究，如海水、半碱水、海洋沉积物中的葡萄糖苷酶、乳糖苷酶、蛋白水解酶、磷酸酶、硫酸酯酶、几丁质酶、脂肪酶等。这是微生物为了生存、生长必须预先付出的。欲取先予，想收获就得先付出，连微生物都懂得这个"做菌"的基本道理！

第二类是用来争夺地盘的，当微生物可利用的营养素不足时，为了保护地盘，消除异己，微生物会分泌一些物质，去杀灭或抑制别的微生物，这些物质我们称之为抗生素。

第三类是各种其他物质。当由于环境中某些营养素不足，微生物同化的物质不能有效地用于生长，只能分泌出去。很多时候，这些分泌物只是一些多糖类或具有絮凝作用的黏多糖（引起水体发黏）。有些时候，这些分泌物"恰好"有生物活性，会引起某些其他生物毒性，如能溶解藻类（溶藻菌）、能引起动物中毒（肉毒杆菌），等等。

第六章 饲料与源头截污

第一节 水产养殖的本质

池塘养殖的目的是赚钱，任何没钱赚的养殖模式再好也没有意义。尽管大多数养殖者都明白这个道理，但至于养殖是怎么赚钱的，核心是什么，却不是每个水产从业人员都明白。

那么，养殖为什么能赚钱？通过什么方式赚钱？这就必须了解养殖的本质。养殖的本质是"蛋白转化"。比方说，我们进行对虾养殖，其本质是将对虾饲料中的蛋白转化为对虾蛋白。例如，对虾饲料价格为 8 000 元/吨，蛋白含量为 40%，则对虾饲料蛋白的价格为 20 元/千克。假设对虾的价格为 36 元/千克，蛋白含量为 18%，则对虾蛋白的价格为 200 元/千克。

也就是说，养殖的本质是将低值的蛋白转化为高值的蛋白。从中赚取差价。当然饲料蛋白还有一个转化率的问题。例如，饲料蛋白的转化率为 40%，则饲料蛋白成本为 20 元/千克/40%＝50 元/千克。

那么，水质管理的本质，就是根据投入的饲料提供所需要的氧气，并将没有转化成鱼虾蛋白的饲料部分（残饵和鱼虾的代谢物，即鱼虾的大小便）处理干净。如果不处理干净，池塘水体中就会积累有机物质和氨氮，当这些物质积累到一定程度，池塘水质就会恶化，鱼虾就会生病甚至死亡。

也就是说，水质管理的本质就是"鱼虾生活污水处理"。

很明显，投入到池塘的饲料不变成鱼虾蛋白，就会变成有毒有害的物质。因此，提高饲料利用率是减少池塘污染、维持水质稳定，减少鱼虾病害的关键措施。

那么，饲料带来了什么污染？如何处理？

饲料为鱼虾提供了两个最基本的东西，一个是用于活动、消化、吸收以及合成肌体成分的能量（有机碳），另一个是组成肌体的蛋白（有机氮）。鱼虾吃了饲料之后，不能消化吸收的部分，成为粪便，排出体外。消化吸收的部分，一部分通过氧化产生能量，另一部分用于生长。

因此，养殖人员必须清楚所使用的饲料中，有多少氮和碳能转化为鱼虾蛋白，有多少氮和碳需要处理。同时，也要知道自己的池塘以及设备能承受多少饲料投入，这样，才能科学设计自己池塘的养殖模式。

第二节　饲料的属性

养殖的本质是蛋白质转化，所以，衡量一种饲料的技术水平就是蛋白转化率。因此，无论饲料配方添加什么成分，目标都是围绕提高蛋白转化率的。

生物界各种生物之间形成一个错综复杂的食物网，一种生物捕食或摄食其他生物以获得能量和生长物质的同时，其自身往往又作为其他生物的"食物"。组成生物的主要成分是蛋白质、脂肪和糖类（植物，动物除了血糖、肝糖原外，糖类含量很少）。其中蛋白质平均含碳 52%、含氮 16%；脂肪平均含碳 76.7%；糖类平均含碳 44.4%（葡萄糖含碳 40%）。

饲料中所含的物质，如果不转化成鱼虾肌体，必然就成了废物，污染池塘。因此，饲料中所含的一切物质，非利即弊。但是，一般养殖人员关心的是饲料的价格、饲料系数和营养成分，即关心的只是"利"的一面，很少了解"弊"的一面。

饲料首先作为一种能量载体，必须在氧的配合下才能充分释放能量。也就是说，任何进入池塘的有机碳，如果不转化为鱼虾肌体，就必须用氧氧化为二氧化碳，否则池塘就会积累有机物质，或者说，会"缺氧"。

那么，每千克饲料投入到池塘，需要同时提供的溶解氧可以按如下方程计算（每千克饲料需提供的氧质量，以克计）：

$[O_2]=[$饲料碳含量（克/千克）$-$鱼虾碳含量（克/千克）/饲料系数$]/$
　　碳原子量$\times$氧分子量

例如，某品牌对虾饲料含碳 50%（虽然不同饲料碳含量有所不同，但大多在 50% 左右），蛋白质含量为 40%，饲料系数为 1.2。假设活体对虾碳含量为 15%，则该饲料投入到池塘后，每千克饲料所需要的氧量为 $[$（$500-150/1.2$）$/12\times32]=1\,000$ 克。

此外，饲料中的蛋白质不可能全部转化为鱼虾蛋白，没有转化为鱼虾蛋白的饲料蛋白最终都会转化为氨氮。饲料的氨氮产量可以用下列方程计算

（氮，克/千克饲料）：

[NH$_3$—N]＝[饲料蛋白含量（克/千克）－鱼虾蛋白含量（克/千克）/

饲料系数]×蛋白质氮含量

假设活体对虾蛋白质含量为18％，则每千克上述饲料投入到池塘后产生的氨氮量为 [（400－180/1.2)×16]＝40 克。

饲料的基本属性是池塘养殖规划最重要的参数。也就是说，养殖人员要十分清楚每天投入到池塘的饲料需要多少氧气，会产生多少氨氮，才能对水质管理作出科学合理的决策。

第三节　池塘的承载能力

从事养殖的人，没有不希望高产的。但是，一亩池塘能养多少鱼虾、能取得多少产量，谁说了算？

决定池塘承载能力（或养殖密度）有两个因素：一个是池塘的供氧能力和氮净化能力，另一个是饲料的氧需要量和氮污染量。

在没有增氧设备的条件下，养殖产量受池塘供氧能力所限制；在氧不受限制的情况下，养殖产量受氮处理能力的限制。

例如，我们使用含碳50％、蛋白质40％、饲料系数1.2的饲料养殖对虾。这种饲料的氧需要量为1 000 克/千克，氨氮产量为40 克/千克。

如果你的池塘每亩每天可供氧（包括光合作用、空气中的氧气扩散和水交换）为20 千克、氨氮处理能力为1 000 克（包括藻类生长、微生物生长、微生物脱氮和水交换），那么，你的池塘可以承载20 千克饲料。如果你的投饵率为虾体重的2.5％，你的池塘可以承载20 千克/亩/2.5％＝800千克/亩的对虾（此时氨氮排放量为20 千克×40 克/千克＝800 克，小于池塘的自净能力，没问题）。

如果你将池塘的供氧能力提高到氧25 千克/天，你可以投入25 千克饲料，每亩可以承载1 000 千克对虾。此时氨氮的排放量刚好等于池塘的氮处理能力（25×40＝1 000 克）。

也就是说，池塘的产量由养殖设备（供氧能力）和池塘氮处理能力所决定。如果你的养殖密度相应的投饵量超过了池塘的承载能力，要么耗氧因子积累（缺氧、产毒、病原滋生），要么氨氮积累（氨氮、亚硝酸高或藻类、细菌密度高），最终暴发病害。

因此，想提高产量，减少病害，只能通过降低饲料污染和提高池塘供氧及氮处理能力来实现。这就是池塘水质养殖管理的关键。

第四节 池塘底质污染的控制

池塘水质管理的本质是"鱼虾生活污水处理"。因此，尽可能减少源头污染是池塘水质管理的重要措施之一。

源头污染包括池塘底质污染、水源污染以及无效饲料污染。

池塘底质对水质具有决定性的影响。如果将池塘比喻为一个茶壶，土壤就是茶叶。只有好的茶叶，才有可能泡出好的茶水。不同属性的土壤，也就基本上决定了水质的属性。

除非遇上极端土壤（如酸性硫酸盐土壤或盐碱地），一般情况下很少刻意对池塘土壤进行改良。但是，应该根据池塘土壤环境条件要求进行定向修复。例如，池塘底部土壤偏"瘦"，在干塘处理时避免将有机物质清洗干净，如果土层太浅，就应该合理保留。

根据前人的研究，比较高产的池塘土壤的一些参数为：①质地：壤土；②深度：15～20厘米；③有机质：1.5%～2.5%；④钙离子：200～300毫克/升；⑤pH：7.5～8.5；⑥硫不能大于0.75%。

池塘底部土壤的养殖后的修复主要是氧化——即干塘晒塘。尤其是高产池塘或对虾池塘，根据上面土壤指标，合理使用碳酸钙（不能用石灰）。有条件的情况下，最好能将表层15～20厘米的塘泥翻耕、破碎，彻底氧化（彩图9）。

如果休耕时间长，还应该在池塘中开挖40～50厘米深，宽度根据土壤质地而定，只要边沿不崩溃即可。排（抽）干水，提高土壤干燥深度，促进矿物和氨氮氧化，当土壤完全干燥后，沟里再进水湿润土壤，两三天后再抽干，如此重复，可最大程度去除土壤中的氨氮。

池塘底部修复最关键的目的是调整pH、氧化矿物（清除氧债）和消除氨氮。以免将上一造的污染物遗留到下一造，形成连作障碍，导致"新塘旺三年"的后果。

回水前将沟填平。

第五节 腐殖质的重要性

腐殖质定义：已死的生物体在土壤中经微生物分解而形成的有机物质。腐殖质呈黑褐色，含有植物生长发育所需要的一些元素，能改善土壤，增加肥力。主要方法是帮助增加可以让空气和水进入的空隙，也同样产生植物必需的氮、硫、钾和磷。动植物残体在微生物作用下形成简单化合物的同时又重新合成复杂的高分子化合物。

腐殖质是土壤有机质的主要组成部分，一般占有机质总量的$50\%\sim70\%$。腐殖质的主要组成元素为碳、氢、氧、氮、硫、磷等。腐殖质并非单一的有机化合物，而是在组成、结构及性质上既有共性又有差别的一系列有机化合物的混合物，主要成分为腐殖酸（Humic acid，HA）、富里酸（Fulvic acid，FA）和胡敏素（Humin，HM）。其中 HA 溶于碱，但不溶于水和酸；FA 既溶于碱，也溶于水和酸；而 HM 溶于稀碱，不溶于水和酸。能与水中的金属离子离合，有利于营养元素向作物传送，并能改良土壤结构，有利于农作物的生长。与金属离子有交换、吸附、络合、螯合等作用；在分散体系中作为聚电解质、有凝聚、胶溶、分散等作用。腐殖酸分子上还有一定数量的自由基，具有生理活性。腐殖质不仅是土壤养分的主要来源，而且对土壤的物理、化学、生物学性质都有重要影响，是土壤肥力指标之一。

目前，在水产养殖中腐殖质一般用于"解毒"，即作为有害重金属的络合剂，以及作为微量元素的缓释剂使用。

其实，腐殖质在土壤中，尤其是厌氧土壤中的真正意义在于腐殖质是微生物与可还原物质（氧化态铁、氧化态锰、二价汞、硝酸等）在氧化还原的过程中充当介质（电子穿梭体）。也就是说，微生物氧化有机物质时在细胞内产生的电子，必须借助腐殖质的帮助，才能传导到细胞外的电子受体中，腐殖质起着"导线"的作用。据报道，微量的腐殖质可以大幅度提高土壤微生物的呼吸活性。

同样，腐殖质的氧化还原也是土壤有机物质分解的重要介质。研究表明，在某些水淹土壤与淡水沉积物中，腐殖质呼吸直接导致80%以上的有机物质矿化，其贡献超过硝酸盐呼吸、硫酸盐呼吸、产甲烷作用等其他厌氧代谢方式的总和。可见，腐殖质在提高土壤微生物活性、促进土壤有机物质分解、降低氧债方面的重要性。

第六节　水源处理

不是所有的水质（包括八大离子组成）都适合于养殖，尤其在江河湖海以及地下水普遍受到各种污染的今天，能拥有完全不受到包括有机污染、氮污染、重金属污染，而水中八大离子又相对平衡的水源的养殖场几乎微乎其微。

传统上，养殖水源采用生石灰处理，近年来则采用氯制剂（漂白粉、强氯精）处理（表6-1）。虽然，两种处理方法都能达到"消毒"、杀灭不良生物的作用，但在本质上却有天壤之别！

表6-1　生石灰与氯制剂处理水源作用的比较

比较项目	生石灰	氯制剂
使用剂量	大	小
消毒	有	有
杀灭不良生物	有	有
氧化作用	无	有
与重金属共沉淀	有	无
与有机物质絮凝	有	无
氨氮挥发	有	无
低碱硬度水体可提高碱硬度	有	无
高碱硬度水体可降低碱硬度	有	无
促进土壤释放微量元素	有	无
促进土壤有机物质分解	有	无
中和土壤酸度	有	无
土壤改良作用	正	负
产生氯胺	无	有
药物毒性残留	无	有

我们只是把生石灰看成是简单的"消毒剂"，并采用氯制剂替代，是对生石灰作用的误解。相信人类几千年来，应该尝试过各种各样的处理方法，最

后只留下生石灰这一措施，一定有它的道理。

因此，水源处理最好还是回归传统，并在传统的基础上科学化。即先采用生石灰处理，然后再根据八大离子平衡原则，对水体进行合理调节。

水源处理步骤：

（1）将水抽到沉淀池，根据水体属性，用生石灰将水体的 pH 提高到 10～11，保留钙 20 毫克/升，静置沉淀。

（2）待水体澄清后，抽入调节池并曝气，待 pH 回落，检测八大离子组成，根据养殖对象的需要，合理调整 pH、硬度、碱度、钙镁比、钠钾比等。

（3）高精度水处理还需要过滤处理（彩图 10）。

在水源处理和管理中，还要特别注意杀虫剂和除草剂的问题。避免周边农田使用的农药随雨水或灌溉水流进池塘。许多常用杀虫剂的急性毒性浓度为 5～100 微克/升；注意，是微克/升，不是毫克/升，数量级高于常用药品 1 000 倍，危险系数非常高。除草剂不仅对养殖生物有毒性，对池塘藻类也有较高的杀灭效果，会直接降低浮游植物群落的产氧量，低至 20 微克/升的除草剂能引起产氧量降低 25% 以上。

第七节　优质饲料

饲料是池塘养殖最大的投入品，意味着饲料是池塘污染的主要来源。因此，提高饲料的转化率，也就意味着降低污染。

降低饲料污染应该从优质种苗、优质饲料、科学保存、合理投喂、提高溶氧等方面着手。

1. 优质种苗　种苗好，生长快，同样的饲料，转化率就高，自然污染就少了。如果种苗质量差，动物只吃不长，饲料转化率低，污染必然更大。因此，养殖人员必须十分关注养殖动物的种质性能，选择有良好资质、信誉、质量稳定的苗场采购质量优良的种苗，好的南美白对虾虾苗的肌肠比大于 4∶1，见彩图 11。

2. 优质饲料　衡量一种饲料质量的关键指标是饲料蛋白同化率。养殖人员更应该关注的是高效蛋白饲料而不是高蛋白饲料。在饲料系数相同的情况下，应该选择蛋白质含量低的饲料。因为养出同样的水产品，饲料蛋白越低，意味着所排出的氨氮越少。

例如一种对虾饲料（A）含蛋白 40%、饲料系数 1.2；另一种对虾饲料（B）含蛋白 35%、饲料系数 1.2。每千克饲料 A 排氮 40 克，B 排氮 32 克。污染量饲料 B 只有饲料 A 的 80%。

饲料对氧的需要量随着饲料系数的降低而降低。例如，饲料 A 系数为 1.2；饲料 B 系数为 1.0（饲料碳含量基本上都在 50% 左右）。每千克饲料 A 的氧需要量为 1 000 克，而饲料 B 的氧需要量为 933.3 克。饲料 B 的氧需要量只有饲料 A 的 93%。

3. 饲料的科学保存　尽管购买的是优质饲料，但如果保存不当，饲料品质就有可能降低，甚至发霉变质，影响养殖效果。这样不仅污染增加，甚至影响动物健康，造成更严重的损失。饲料应该保存在遮阴、通风透气的地方，饲料与地板之间要有垫板，防止吸潮。同时也要防止其他动物如老鼠损坏包装。饲料的保存期对饲料品质也有很大的影响，尽可能减少保存周期，即一次采购量不要太大。

4. 合理投喂　养殖池塘由于环境参数变化比较大，尤其是温度、溶解氧、氨氮等。环境条件不同，动物对饲料的消化、吸收的效率也不同。应该根据天气变化情况和池塘水体的温度变化、溶解氧水平和氨氮含量，科学合理地投喂，尽量避免饲料浪费。大多数鱼虾都有生长补偿能力，可以在水质条件良好的时候多投料，水质不佳的时候少投料。不能盲目、机械地根据所谓的"四定"投料。

第八节　四类"发酵饲料"

目前，对虾养殖方面有四类"发酵饲料"：

（1）饲料配方中那些含有抗营养物质的原料都经过发酵处理后，再按对虾营养需求添加鱼粉、维生素、矿物质等原料进行加工的对虾配合饲料。

（2）以植物原料为主（有些添加一些新鲜动物原料如冰鲜、蝇蛆等），接种乳酸菌、芽孢杆菌等后制粒或不制粒，不烘干、边发酵、边销售、边使用。

（3）常规对虾饲料在使用前加水、加菌（一般为乳酸菌），发酵过夜。

（4）麸皮、豆粕为原料，加菌种。或发酵好经干燥、粉碎、包装，拌常规料使用；或加水边销售边发酵边使用；或由养殖户塘头发酵使用。

严格上讲，第一种才是真正的发酵对虾饲料，其余三种都不能称为对虾饲料，充其量只能算是补充饲料。理由如下：

第一种饲料可全程单一使用，因为这种饲料是严格按照对虾营养要求设计、配制和加工的，具有对虾饲料的全部特征，包括营养组成、颗粒大小、耐水性，等等。

第二种饲料不能全程单一使用，营养上不全面，且发酵终点不确定，其优点是含有一定的发酵产物，即微生物代谢物（或所谓的小肽），对对虾有一定的保健作用。但缺点更明显：质量不稳定或不确定，夏天气温高，发酵快，保存时间短；冬天温度低，发酵很慢，或者说没发酵。同一批次产品，今天用和明天用或甚至上午用和下午用质量都不同，因为发酵一直在进行。稍不小心发酵过度，即成为发霉饲料，一旦变质，不仅没有保健作用，甚至有毒有害。

第三种只能算是乳酸拌料，其好处在于常规饲料中补充了乳酸发酵物。①饲料为了保存，在生产过程中添加了防霉剂，目的是抑制微生物生长，因此，再发酵有一定难度；②饲料生产、包装、运输等过程中并无消毒灭菌，含有各种各样的微生物（防霉剂的作用是阻止它们生长），一旦加了水，开放体系下各种微生物都可能生长，不是接乳酸菌就只长乳酸菌的；③许多可溶性营养素都溶解到水里，对虾无法"摄食"；④微生物的生长过程改变了饲料的营养组成（尤其是维生素），发酵过的饲料已经不能称为对虾饲料了。所以，饲料再发酵用于肥水更有效（把饲料变肥料）。养殖前期拿饲料当肥料使用，培养天然饲料也许还有一定作用；如果在养殖后期，对养殖水体将造成更大的污染。

第四种发酵饲料本质上是作为水质调节剂使用，完全称不上"饲料"的概念。

如果养殖户要使用发酵饲料，请选择第一种，其他的不是不能使用，只是要明白其真正的作用原理，谨慎合理使用。无论是用于补充营养（调理肠道）、还是用于肥水或调水，最关键的是"剂量"——毒品和补品的差别往往只是剂量的差别！（小酌促进血液循环，酒是补品；豪饮酒精中毒，酒是毒品，相信读者都明白），相信养殖户都认为氨氮是最可恨的，但是，培水的时候没有氨氮行吗？大家不是还要买氨氮来培水吗？

合理正确的剂量是"水质调节"，过量使用反而是"水质污染"，千万别相信多添加有好没坏的"忽悠"！

第九节　发酵与发霉

"发酵"是当今养殖业听起来比较高端的时髦名词。但如果进一步询问"什么叫发酵"?"发酵与发霉有什么区别"? 估计连那些号称引领潮流的"发酵专家"也未必说得清楚。

那么,什么叫"发酵"? 什么叫"发霉"? 古人是这么区别的:一种物质(主要是食物)经过微生物改性(也就是长了微生物)如果无毒就叫发酵,如果有毒就叫发霉。

在开放条件下(即无严格消毒灭菌和带菌环境条件下)决定最终结果是发酵还是发霉,不是接什么菌,而是培养基性质、培养条件和培养时间。

1. 培养基性质　例如,我们分别拿一把大豆粕、一把花生麸、一把玉米粉,洒点水,自然接种,过一两天,都"长霉"了。由于长霉的花生麸、玉米粉含有毒素,我们就说花生麸、玉米粉发霉了,而大豆同样也长霉了,但没有毒,我们就称为发酵了。

那么,为什么呢? 我们可以把大豆粕、花生麸、玉米粉看成三种不同的选择性"培养基",它们对微生物具有一定的选择性。也就是说,这三种选择性培养基各自选择了适应该培养基的微生物。

2. 培养条件　在给定培养基性质的前提下,环境条件(温度、湿度、系统散热、气体交换)等,又对微生物进一步自然筛选,或又支配着发酵过程中微生物群体的演替规律。

例如,以同样的配方制曲,如果将发酵物压制成几千克重的大块去发酵,产品是大曲;如果制成乒乓球大小的丸子去发酵,产品是小曲;如果不成型,直接堆放发酵,产品叫散曲。

再如,酿酒时不小心曝氧了,就变成酿醋了。

3. 培养时间　发酵是一个过程,如果环境密闭,系统中的微生物经过一段时间的演替之后,最终停止在某一个点上,我们称之为发酵终点。如果是非密闭环境,最终都被完全矿化。

对于饲料发酵而言,可能在某个时间段是发酵,过了某个时间段便是发霉。哪怕是对微生物选择性很强的大豆粕,前期是发酵,如果发酵到一定程度后不终止发酵,最后也会发霉。因为发酵后的大豆粕,已经不是大豆粕了,已经没有对后面的微生物的选择能力了。

微生物生态的基本原则——物竞天择，适者生存。不是我们接种什么微生物就能长什么微生物，而是发酵条件决定终点（发酵的结果）。除非彻底消毒灭菌，然后才能接种什么菌长什么菌。然而目前大宗发酵都是开放的，也就是说，不消毒不灭菌，发酵过程起作用的就是发酵条件，而不是所接种的微生物！

例如，我们挖两个沼气池，接种出沼气，不接种也是出沼气！不可能因为我们在沼气池里接种了酵母就能出酒精的。如果接种正确，也就是早一两天出沼气而已，如果接种错了，有可能反而出沼气更慢。

再如，农村百姓腌咸菜，谁也没有刻意接种微生物，都是自然网罗（自然接种）。可以说开始时没有两个咸菜缸，"自然接种"的微生物种群是一样的，但是，只要条件一样，最终都是酸菜（最后起作用的是乳酸菌）。

也就是说发酵和发霉没有本质上的区别，没有经验，根本分不清。不专业，根本无法掌控。

第十节　发酵是一门艺术

虽然开放性发酵变数比较大，但如果掌握了要领，开放系统发酵是可以做到非常稳定的。因为，开放系统遵循的是物竞天择、适者生存的基本原则。如果你尊重自然，按照自然规律去做，你就可以事半功倍，一帆风顺。但如果你违背自然，必然一败涂地！

而现代发酵，尽管经过消毒灭菌，接什么菌长什么菌。但是，一旦有任何差池，一点疏忽，必将前功尽弃。比如，消毒不够彻底，抑或罐体、管道或空气过滤系统出现哪怕是针尖的细缝，都可能引起感染。

消毒的目的是系统归零！只有在系统失控的时候才需要消毒。对于开放系统，如果你能满足目标微生物的最佳生长条件，系统必然能够按既定目标发生、发育、发展，就没有消毒的必要。

大多数人对微生物生态不是很了解，总以为开放系统不可控、不稳定。其实，最安全、最有效、最可靠的是开放系统，因为它尊重、遵循自然规律。一个百年老窖，意味着一百年来没有消毒过，原料不需要消毒灭菌、环境不需要消毒灭菌（一旦消毒，老窖就毁于一旦），而且窖池越老，系统越稳定。

而现代化无菌（接种纯种）发酵系统，几乎要批批消毒，一有疏忽，即刻倒灌。

此外，一种原料往往带有多种抗营养因子（或称毒素），单一微生物是不能完全解决的，必须多种微生物联合作用，共同完成。因此，开放系统发酵即使是自然网罗微生物，也是多菌种的。如果是采用相应的曲种发酵，自然是最合理的。当然，也需要明白，一种发酵用曲，都具有特定发酵对象的，是一种天衣无缝的、绝对互相适应的菌群。例如，五粮液大曲是专门用于在特定温度和环境下发酵由五种粮食按一定比例混合出来的、含特定水分的"培养基"的，只能用于五粮液酒的生产。任何其他大曲，都不能用于五粮液生产。反过来，五粮液大曲也不能用于其他酒类的生产。

须知一种特定的曲种，是由多种微生物经过长期磨合而形成的，是需要时间去沉淀的。从老窖池出来的曲，是一支经长期磨合、配合默契、战无不胜的微生物"军队"，只要用对了地方，它能战胜所有污染的杂菌。

第十一节　发酵饲料

不是在饲料中使用一点发酵产品就叫发酵饲料。其实，饲料配方中一直都有使用发酵产品，如维生素、酶制剂、酵母制品、菌体蛋白、DDGS①、有机酸、微生态制剂等，甚至抗生素，都是发酵产品。尽管饲料中添加了上述发酵产品，都不能叫发酵饲料。

发酵饲料，是指大宗含有抗营养物质的原料都经过发酵的饲料。这些原料主要是饼粕类，如豆粕、棉籽粕、菜籽粕等。发酵豆粕是饲料行业炒的最凶的发酵产品。

最开始炒作零抗原，而我们连大豆抗原主要成分是什么都没搞清楚。接着炒作小肽，同样也不清楚大豆小肽中具有生物活性的小肽是什么。然后又炒作乳酸，接着又炒作寡糖……全然不顾人类试验几千年来的传统发酵大豆的经验积累，为了"卖点"而胡乱标新立异，甚至将整个饲料界发酵豆粕行业引入歧途。

发酵具有很强的目的性，就发酵饲料而言，解毒（分解、钝化抗营养素）

---

① DDGS 为 Distillers Dried Grains with Solubles 的简写，是干酒糟及其可溶物。

是第一目标；其次是对具有抗消化的大分子降解，更有利于养殖动物的消化吸收；再次是产生一些生物活性物质（十年前笔者把这类物质归纳为"微生物源性营养素"，意思是起源于微生物并且动物必需的营养素）。

什么叫抗营养素（或称抗营养因子）？生物界是由自然界各种生物构成的一个食物网，一种生物既是一些生物的天敌，同时又是另一些生物的食物。例如，昆虫是植物的天敌，同时又是鸟类的食物。所以，自然界任何生物要能够生存下去，必须具备两个基本的本领：一是能得到食物，二是不能被当做食物吃掉。例如，羊必须在有草的地方才能生存，但必须跑得比狼快才不会被吃掉。然而，作为不能逃跑的植物，怎么保护自己？为了生存，植物就合成一些对动物有毒、有害的物质，让动物吃了不消化、中毒、甚至死亡。植物的这种自我保护物质就称为抗营养素。

一般来说，只有有毒的饲料原料才需要发酵处理。而无毒的饲料原料不需要、也没必要发酵处理。自然界就是那么微妙，有毒的东西在微生物的自然作用下"变质"了，得到解毒，成了好东西；而无毒的东西在微生物的作用下"变质"了，往往变得有毒。其实，发酵或发霉，都是对原来的物质进行改性，有害的经过改性变成无害，无害的经过改性就变坏了。

无害的物质经过发酵处理可以变得更加容易消化吸收或可以提高营养或可以改善口感。只是，无害的物质的"发酵"往往需要非常严格的控制，否则很容易出问题。例如，几千年来，几乎没听说过老百姓自制豆豉吃死人的。但几乎没有人去鼓捣什么"发酵花生""发酵玉米"的。

当然，任何规律都有例外。我们日常生活中就有一种食物，本来就没有毒性，发酵只是为了提高营养，更易于消化吸收和改善口感的，那就是面粉发酵——馒头。传统用于做馒头发酵剂——灶头边上的那块"酵母"，尽管没有"无菌、低温"保存，它的微生物种群是很稳定的。要不然你今天做的是馒头，如果微生物种群发生变化，明天做出来的，就未必是馒头了。

第十二节　发酵"湿料"

发酵"湿料"（也称移动发酵）不是严格意义上的饲料，充其量只是特种营养素（如乳酸、微生物代谢物等）的原料。饲料的营养组成是为养殖动物设计的，而发酵湿料的营养组成更注重的是为发酵过程的目标微生物设计的，当然也会考虑使用对象的营养需求，但不能作为第一目标。例如，某种发酵湿料是用乳酸菌作为发酵剂，其配方设计是为了在发酵过程中乳酸菌能占绝对优势。

发酵是一个过程，在这个过程中，起作用的微生物不断发生演替，发酵物料的条件（如温度、pH 等）和成分，尤其是微生物代谢物也在不断变化。把握发酵湿料的使用时间段（即发酵到什么程度）是非常重要的，这是发酵湿料的"灵魂"所在。发酵不到目标程度效果不明显，发酵过度效果打折扣，甚至变成发霉，反而有毒，不仅没有正效果，可能还会出现反效果。

经常有些生产发酵湿料厂家的技术人员问笔者，这种产品夏天效果非常好，但不稳定，经常发霉；冬天相对比较稳定，但效果不理想。其实道理很简单，夏天温度高，微生物生长快，发酵效果自然很好；但也由于微生物生长很快，不及时使用，就发酵过头了，发霉变质了，所以质量不稳定。冬天温度低，微生物生长缓慢，或者根本就没有生长；这种情况下等于没有发酵，自然效果不理想；当然，微生物没有生长，没有发酵，物料当然不会发生什么变化，"质量"必然很稳定。

发酵湿料的创意本来很好，如果养殖户自己按使用计划生产，效果也会很好。因为干燥过程不仅需要能量和设备，而且一些热敏营养素会遭到破坏，挥发性营养素会流失。那大多数发酵产品为什么要干燥处理？因为只有通过干燥，使发酵终止，以确保产品"质量稳定"。须知任何商业产品必须有可检测的稳定指标，并且在保存过程不会发生任何质量变化。

原则上发酵湿料不能作为商品，因为用户买到手的，不是一种质量稳定的商品。如果用户自配自用，却是很不错的好东西。

举两个简单的例子来说明一下发酵过程中的微生物演替差别。

一种如腌咸菜，开始时，自然接种，什么微生物都有，由于腌制的时候加了盐，不耐盐的微生物被抑制，由于系统中含有氧气，好氧微生物生长，消耗氧气，氧气减少，好氧微生物优势降低，直到无法生长，给厌氧微生物创造生长的条件，厌氧微生物会产酸，随着酸度的增加，不耐酸的厌氧微生物被抑制，接着耐酸微生物生长，进一步产酸，酸度进一步增加，连耐酸微生物都无法生长时发酵停止。只要不改变系统条件（打开或漏气），可以长期保存下去。

另一种如豆粕发酵，开始时是好氧的、pH 中性的、常温的、对大豆寡糖、异黄酮等不敏感的微生物生长，随着这些微生物的生长，氧气减少、温度上升，并逐渐产酸，接着是耐低氧、耐高温、耐酸的微生物生长，此时大豆抗营养素被分解、大豆蛋白被降解、原来那些微生物抑制因子也被分解。这些微生物活性由于相适应的营养成分减少甚至用完，产热下降。当系统产热小于系统散热时，系统温度开始降低。此后，原本被抑制的微生物开始复苏、适应、逐渐生长，进入发霉阶段。因此，这种发酵必须在温度下降时强制终止（干燥或加盐，如豆豉），否则就发霉了。

其实，前一种发酵本质上是一种青贮方法，如咸菜、秸秆、泡菜等，发酵的主要目的是"保存"。后一种发酵是改性，如豆粕、棉粕、菜粕及各种复合饲料原料等。

所以，发酵湿料不是严格意义上的饲料，其本质是一种"保健品"。也不能作为商品，因为用户买到手和使用时"质量"千差万别。

湿料在营养上具有一定的优势，尤其是一些对热敏营养素要求高的水产动物。但湿料（湿软饲料）与发酵湿料是完全不同的两个概念，湿料是为动物设计的，只是水分含量高且不烘干，要么现做现用（如鳗饲料），要么冷冻保存以保证质量（如虹鳟软颗粒饲料）。

第十三节　饲料与病害的关系

水产养殖业的快速发展，除了苗种繁殖技术之外，贡献最大的当属于水产动物营养需求的研究进展和饲料配方技术的进步。高产高密度养殖的情况下，养殖动物的营养需求基本上靠饲料提供，因此，饲料营养的"全价"性，是养殖动物健康生长的基本保证。鱼类营养性疾病常见的症状大致有以下 8 种：①发育不良，生长迟缓；②尾鳍生长异常；③眼球病变；④贫血；⑤鱼鳍溃蚀；⑥体表出血；⑦肝脏病变；⑧鳃病变。一般大多数饲料的配方水平是能够满足养殖动物的这些营养需要的。

饲料是水产养殖过程中最大宗的投入品，饲料的选择与管理是养殖成败的关键因素之一。但是，目前水产饲料中存在着一些与营养无关的，但又严重影响水产养殖的问题。这些问题都与养殖动物病害的发生有直接或间接的联系。

（一）饲料中蛋白质的质与量

蛋白质虚高是目前许多饲料存在的问题。国外许多先进国家对饲料蛋白的规定的是上限（≤）、而我国却是下限（≥），造成多数养殖户认为蛋白越高越好。导致许多饲料厂家为了满足法规的要求（而不是动物的营养要求）和市场不正当竞争，将饲料蛋白越做越高。为了降低饲料成本，在满足动物的基础之外，用各种次蛋白、废蛋白，甚至假蛋白去满足法规或者人们的需要。国家标准倒置，是饲料蛋白造假的真正根源。如果采用国外标准，规定蛋白上限，而且随着科学的进步，不断降低蛋白含量，这样就迫使饲料厂想尽一切办法去找好蛋白、优质蛋白。

水产动物对饲料中蛋白质的消化吸收率随着蛋白质量的提高而提高，但随着蛋白质数量的提高而降低。蛋白质虚高（即含量高、质量低）带来的后果是造成养殖水体大量的氮污染。而养殖环境高氨氮、高亚硝酸氮是目前水产养殖的最大杀手，也是影响水产养殖容量进一步提高，病害多发的重要因素。

（二）饲料中的有毒物质

鱼粉资源的缺乏，使得水产饲料中植物原料的使用量不断增加，导致水产饲料中的有毒物质污染的风险也越来越高。饲料中的有毒物质有两类：霉菌毒素和抗营养素。前者来源于污染，或是加工前饲料原料保存不当或加工后的饲料保管不当引起霉变所造成的，如霉菌毒素等；后者是作为饲料原料的植物自身固有的属性，是植物生存过程中的自身防卫物质，如大豆抗原等。

近年来，水产动物肝胆综合征表现日益突出，与饲料中的有毒物质在肝脏中积累造成慢性中毒有密切关系。

1. 霉菌毒素　常见的霉菌毒素有：黄曲霉毒素 B_1（AFB1）、赭曲霉毒素 A（OTA）、伏马毒素 B_1（神经毒素、致癌物质），玉米赤霉烯酮 ZON（雌激素）、赭曲霉毒素（肾毒素）、单端孢霉烯族毒素类（皮肤毒素）或 AFB_1、OTA 和 T-2 毒素（免疫抑制剂）。

霉菌毒素对水产养殖品种影响的研究还很少，但已有的研究表明：霉菌毒素可导致不同鱼虾产生多种病症和生长性能问题。如霉菌毒素对鲶增重有显著影响；含 AFB_1 的饲料可引起鱼体中谷丙转氨酶和谷草转氨酶含量升高，表明鱼体的肝功能受损。高剂量的 AFB_1 引起罗非鱼增长受损和肝功能紊乱；赭曲霉毒素中毒的虹鳟病理症状包括，肝细胞坏死、鱼体苍白、肾肿胀和病死率高。伏马毒素 B_1 对鲤的肾和肝有不良影响。这些影响必然导致养殖动物健康受损，引起慢性中毒、造成免疫力低下，最终引起病害发生。

2. 抗营养素　所谓抗营养素（也称抗营养因子）是指一系列具有干扰营养物质消化吸收的生物因子。抗营养因子存于所有的植物性食物中，也就是说，所有的植物都含有抗营养因子，这是植物在进化过程中形成的自我保护物质基础。抗营养因子有很多，已知道的抗营养因子主要有蛋白酶抑制剂、植酸、凝集素、芥酸、棉酚、单宁酸、硫苷等。这些抗营养因子会造成动物消化不良、中毒，甚至死亡。

在自然界，包括水生动物在内的所有动物对植物抗营养素都能够通过自身敏锐的嗅觉和味觉回避，这种回避包括两个层次：一是拒食。动物本能地不去摄食这些植物，即使不小心咬在嘴里也会本能地吐出来（营养学上称为拒食因子）。二是呕吐或腹泻。如果由于某种原因而摄入胃中，也会通过自身的保护反应——呕吐或腹泻，将这些毒性物质排出体外。

随着鱼粉资源的紧缺，大多数水产饲料中应用的植物性饲料原料比例越来越高，尤其是一些蛋白源，如豆粕、菜粕、棉粕等，但这些饲料原料中的抗营养因子并没有预先处理。水产动物虽然能够本能地拒食，但饲料生产者在饲料配方中采用呈味剂——香味剂、甜味剂等诱食剂掩盖了植物饲料原料中的抗营养因子，使动物不能靠本能去识别饲料中抗营养因子的存在而摄食。从而造成养殖动物抗营养因子"慢性中毒"，降低免疫力，甚至引起肝功能障碍而发病。目前，许多养殖动物容易罹患肝胆综合征，这与饲料中的抗营养因子水平有一定关系。

第十四节　诱食剂的功与过

动物依靠天生的本能辨别食物，首先是视觉，远远地就能发现食物；其次是嗅觉，靠近后闻一闻，判断是不是食物；最后是味觉，咬下去后凭口感和味道决定是否是食物，如果是，就吞下去，如果不是，就吐出来。

一些生物，尤其是植物，为了自身的防卫，合成了一系列抗营养素来防止被动物摄食。这些抗营养素对天敌以外的动物都有毒。因此，动物也必须拥有辨别、发现抗营养素的能力，以避免误食或过量摄食而中毒甚至死亡。

如果动物不小心将这些抗营养素吃进去，体内还有两道防线避免深度中毒。一道是胃，一旦抗营养素的剂量足以引起胃痉挛，就将抗营养素通过呕吐，排出体外；另一道防线是肠道，抗营养素引起肠道痉挛，通过腹泻，将抗营养素排出体外。

也就是说，植物通过合成抗营养素来自我防卫，而动物则通过嗅觉和味觉去感知眼前的"东西"有没有毒，能不能吃。一旦发现有抗营养素，要么不吃，要么少吃，以避免中毒。能被动物感知而达到拒绝摄食的这些抗营养素，在饲料学上还有一个名称——拒食因子。

当然，我们不可能只提供动物的天然饲料（对动物无毒或动物对该原料的抗营养素具有解毒能力）来做饲料。有些饲料原料，对动物本身无毒，但动物在自然条件下从未接触过，不知道那东西能吃，因此也不懂得去吃。例如，加州鲈在自然界只吃活鱼，而我们现在给加州鲈饲料，尽管饲料对加州鲈无毒，加州鲈也不吃。那么，我们就必须在加州鲈饲料中添加一种成分，让加州鲈觉得这东西能吃。这种成分就是诱食剂，或者对加州鲈具有诱食作用的香味剂。

诱食剂的功劳是让养殖动物发现饲料，摄食饲料，避免饲料浪费，以及增加养殖动物的食欲，促进摄食，提高生长速度。

水产饲料中常用的天然诱食剂是鱿鱼膏或墨鱼膏，人工合成诱食剂为鱼腥香等。前者常用于高档饲料，如对虾饲料，后者用于一般的鱼料。

如果饲料中使用了含抗营养素的原料，动物就会拒食。有些饲料厂就使用大剂量的诱食剂或香味剂掩盖劣质饲料中的拒食因子的味道，骗养殖动物摄食。动物摄食这种含高剂量抗营养素的劣质饲料必然导致其消化系统的伤害，造成肠炎、腹泻，甚至慢性中毒（肝胆综合征的一个很重要原因之一）。这是滥用诱食剂、香味剂带来的过失。

因此，选择饲料时，要十分注意饲料的气味。天然香味为首选，如果发现饲料香味剂、诱食剂的味道过浓，最好别买。

第十五节　投喂是门技术活儿

控制池塘污染，第一要务是要控制好投饵量。投喂不足，对虾没产量，投喂过多，百病丛生。如何控制好投喂量，实在是对虾养殖成败和亏盈的一大关键。

一般养殖期间观察投饵量是以料台为主。养殖初期，虾苗还未上料台吃料，主要观察水色和水中的浮游动物数量，虾苗则在池底活动，而不见浮游现象。因此，在放养虾苗 7～15 天的期间，投喂少量饲料或冰鲜鱼浆，仅以补充虾苗营养和肥水为主。但水质清瘦无天然饵料的虾池另当别论，需要每天早晚全池投喂幼虾料，全池稀薄撒布为好。上述操作 10～20 天后，可改为仅在岸边投饵，并开始在料台内放置饵料观察摄食情况。不要小看虾苗养殖这 20 天，管理好饵料（饵料充足）的情况下，虾苗生长迅速，体重增速常常 10 倍以上。否则，会生长缓慢，从而拉长整个养殖周期，见图 6-1。

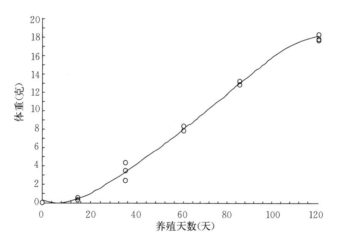

图 6-1　对虾的生长曲线

（养殖 20 天内生长速度缓慢，天然饵料丰富可以
显著提高养殖初期虾苗生长速度）

投饵方式以定点、定量的平均撒布为原则，喂虾者应如图6-2所示，在池塘四周均匀撒布饲料，而行至料台处时不做撒饵，但放一定量的饲料在料台内，正常放入料台内的饵料量应为每次投掷量的 1.5 倍。

至于查看料台内饵料进而判断对虾摄食情况，其原则如下：

（1）从用料台观察开始到每千克 600 条虾大小时，应观察投饵后 1.5～2.5 小时内的摄食情况，如果 1.5 小时料台内已无残饵，则在下次投喂时应增加投喂量，并要再次详细观察。到 2.5 小时看料台，如果吃完了或者所剩无几时，则此种投料量是每餐最适投喂量；如果投饵后 2.5 小时仍有剩饵，则在下一餐要减少投喂量，直到投饵后 2.5 小时吃完为止。每次的增加和减少应以少量为原则，不宜每天变动投喂量，3～6 天增加一次饵料。

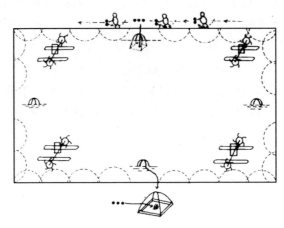

图 6-2　料台的放置

（2）到了每千克 600 条虾至每千克 140 条虾时，看料台时间应相应改为 1 小时和 2 小时。

（3）到了每千克 140 条虾以后，看料台时间调整为 1 小时与 1.5 小时。

上述方法要结合虾胃观察法。

若按对虾饲料摄取量分为满胃（彩图 12）、半胃（彩图 13）、1/3 胃和空胃四级。一般情况下，投喂 1 小时后，捕获对虾中全部为满胃表明投喂过量；70% 为满胃表明投喂适量；满胃对虾占 50% 以下表明投喂不足。判断时要注意虾胃的颜色，因有时在饵料不足时也会摄食底泥和藻类从而使得虾胃呈现出深黑色或深绿色。对虾满胃率是检测对虾摄食最基本的指标。

料台观测结合虾胃观察法，可确保料台内无饲料时池底一定无残存饲料。同时，投饵时间可依据天气和温度的高低做适当的弹性调节。当水温低于 25℃时投饵量应酌情减少，以每降低 1℃则降低不超过 10% 投饵量为原则。在分布空间上，对虾在整池的分布不一定均匀，而且时有变化。如果观察料台时，发现某一边摄食较快或对虾较多，则要机动调整投饵量，在对虾较多的塘边增加投饵量，在另一边减少投喂量。如此，将可使对虾养殖投饵量达到相当理想的情况。同时，根据准确的投饵量和对虾体重，可倒推出对虾存塘数量和重量，从而达到对虾养殖的精确控制。此外，对虾全程的生长速率不同，在 120～200 条/千克规格时，生长速率是最快的，此时饵料增加率也最高。生长速度曲线见图 6-3，计算方程如下：

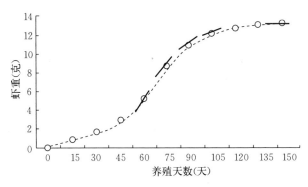

图 6-3 对虾的生长速度曲线

生长速度方程：$\dfrac{\mathrm{d}Lt}{\mathrm{d}t} = \dfrac{0.41e^{0.67-0.03t}}{(1+e^{0.67-0.03t})^2}$

生长加速度方程：$\dfrac{\mathrm{d}^2Lt}{\mathrm{d}t^2} = \dfrac{0.01e^{0.67-0.03t} \times (e^{0.67-0.03t}-1)}{(1+e^{0.67-0.03t})^3}$

第七章　池塘中的氧

第一节　氧的来源和剩余氧

（一）氧的来源

自然界氧气主要来自光合作用：
$$CO_2 + H_2O \rightarrow CH_2O + O_2$$
严格来说，氧气是光合作用碳还原（固碳）过程的副产物。

地球上光合作用与呼吸作用大致相等：
$$CH_2O + O_2 \rightarrow CO_2 + H_2O$$
虽然近百年来由于石油、煤炭等矿物燃料大量使用使大气中的二氧化碳有所增加（二氧化碳增加意味着氧气减少），但对大气中氧气水平的影响不是很大。

据报道，近一百年来大气中的二氧化碳浓度从 350 毫克/千米增加到目前的 400 毫克/千米。相应减少的氧气为 $[(400-350)/44 \times 32] = 36.36$ 毫克/千米，即 0.003636%（其中 44 是二氧化碳的分子量，32 是氧气的分子量）。大气中的平均氧气含量为 21% 左右，即减少了 0.0173%，几乎可以忽略不计。

为什么人类燃烧了那么多矿物燃料，而大气中的氧气下降不多？这是因为空气中二氧化碳浓度上升了 $(400-350)/350 = 14.3\%$。光合作用速度增加了，以至氧气的产生大于呼吸作用对氧气的消耗。这是自然界具有自我平衡、自我调节能力的具体表现。

在池塘中，氧的主要来源有光合作用和空气扩散（包括强化扩散，即机械增氧）以及偶尔化学增氧；氧的消耗主要来自饲料、氧债以及部分因过饱和而扩散到空气中。

（二）剩余氧

由光合作用输入到水体中的氧和碳是等量的，如果每天输入的有机碳都被呼吸作用所消耗，则氧也同样被消耗完。如果有一部分有机碳转化为碳汇或氧债而没有消耗氧，则水体中就有剩余的氧，我们称之为"剩余氧"。

在养殖前期的培水期，假设水体从没有生物的干净水到几天后的生物量50毫克/升（包括藻类、微生物、原生动物和浮游动物），所有生物体中的有机碳都来自光合作用，并假设池塘底部没有沉淀由死亡生物构成的氧债，则水体的剩余氧量为：$50 \times 50\% / 12 \times 32 = 66.67$ 毫克/升，其中 50% 为有机物质平均碳含量，12 为碳的原子量，32 为氧的分子量。

可见，培水期间，池塘水体是很容易出现溶解氧严重过饱和的。当然，由于溶解氧严重过饱和，会有大量的氧气散失到大气中。

如果是泥底的土塘，由于回水后土壤呼吸强度很大，可以大幅度消耗剩余氧，因而具有一定的缓冲和平衡能力。其能力大小取决于土壤的性质。如果是水泥底或薄膜底的池塘，则培水期间很容易出现溶解氧严重过饱和现象。而此时如果所放的鱼苗太小或对溶解氧过饱和比较敏感，就会导致成活率大幅度降低（对南美白对虾幼苗来说，就是一种 EMS）。

减少培水前期剩余氧量最有效的方法是适当使用有机肥。对于地膜池、水泥池尤其重要。对于土池来说，通过提高底部土壤的呼吸作用强度也可以降低剩余氧量。

剩余氧是没有增氧装置的水体饲料投入量的基础。当所投入的饲料的氧消耗量大于光合作用的剩余氧量时，水体就会出现缺氧。

第二节　溶　解　氧

一、溶解氧的分布及调控

煤炭、石油、天然气等矿质燃料是几十万年或几亿年前光合作用产物沉积在大海底部所形成的碳汇经矿化演变而来的。那么，为什么大海深处（或池塘底部）会积累有机碳呢？根据呼吸作用方程：$CH_2O + O_2 \rightarrow CO_2 + H_2O$，有机物质的分解速度与溶解氧浓度成正比。一般来说，无论是光合作用产氧，还是大气扩散的溶解氧，都是从水体的表层输入。而底层有机物质的浓度往往高于表层，尤其是水体底部。

在没有人工有机物质输入的天然水体，溶解氧的分布是上高下低，而来源于光合作用的有机物质以动植物尸体的形式不断向水体深处沉积，导致有机物质的浓度下高上低（活体生物除外）。随着水体深度的增加，必然存在一个界线，有机物质的沉积速度大于有机物质的分解速度，这导致有机碳不断积累，天长日久之后，有机物质厌氧分解、矿化，就形成了各种矿质燃料——石油、煤矿和天然气。正是这些碳汇的形成，才导致当今大气中有这么多的氧气。

上面的过程说明了两个问题：一是提高溶解氧浓度，高浓度有利于有机物质的分解和能量释放；二是碳汇或氧债的形成有利于提高剩余氧的总量。

对于池塘养殖来说，提高溶解氧浓度有利于饲料中能量的释放，说白一点，溶解氧越接近饱和，饲料效率越高、饲料系数越低，饲料中碳和氮转化成鱼虾蛋白的比例也越高，污染也就越小。

有研究表明，罗非鱼养成过程中，将一天分两餐或三餐投喂的方式改为将一天的总投喂量一次连续在溶解氧浓度高的期间连续慢慢投喂，即从上午9：00～10：00池塘溶解氧高的时候开始，使用投饵机将一天的总投喂量连续慢慢投喂到13：00～14：00，每千克罗非鱼可节约1元钱饲料。

根据溶解氧的昼夜变化规律，不难发现，9：00～10：00溶解氧已经能满足罗非鱼正常活动的需要，此时开始慢慢连续投喂，鱼慢慢吃饱，溶解氧逐步升高，到13：00～14：00，鱼达到饱食量，此后到太阳下山，水体溶解氧一直处于高水平状态，有利于罗非鱼的消化和吸收，到凌晨以后，溶解氧最低，罗非鱼也处于空腹状态，对溶解氧需求也最低。

有数据表明，草鱼饱食状态下的耗氧率是饥饿状态下的1.8倍。如果饱食又处于缺氧状态，不仅消化吸收效率大幅度降低，而且还容易引起肠炎等问题。

因此，借助在线溶解氧监控系统，通过对溶解氧的精准调节与控制，尽最大可能提高饲料效率，不仅可以降低饲料对池塘的污染，还可以大幅度降低饲料成本。

二、溶解氧的影响

（一）溶解氧不足的影响

氧是池塘养殖第二制约因素（第一制约因素是水）。溶解氧不足可以从动物和环境两个方面影响池塘养殖。

1. 动物方面 包括如下几个层次：

（1）直接致死。当溶解氧浓度低于养殖动物最低忍受浓度一段时间时，可直接导致养殖动物窒息而死亡。

（2）非致死伤害。当鱼虾受到短时间严重缺氧，虽不致死，但可能受到严重伤害。

（3）免疫机能受损。养殖动物处于溶解氧偏低的环境下免疫机能会受损。对病原微生物的侵袭变得更为敏感。

（4）抗逆能力降低。溶解氧不足可导致养殖动物对环境条件变化，如 pH 变化、温度变化和盐度变化更为敏感；对氨氮、亚硝酸等有毒有害物质的容忍能力降低。

（5）消化吸收效率降低。鱼虾对饲料的消化吸收和同化能力与溶解氧浓度成正比。溶解氧浓度越高，消化吸收和同化能力越高。因此，池塘对氧的需要量随着溶解氧浓度的降低而提高。

2. 环境方面 包括如下几个层次：

（1）导致微生物生态组成变化。自然界微生物是按氧化还原的梯度分布的。不同溶解氧浓度所适应的微生物不同。因此，溶解氧浓度变化会导致微生物种群发生变化。

（2）导致池塘需氧量增加。溶解氧低下导致鱼虾消化吸收能力降低，造成更多的饲料浪费，因而需要更多的溶解氧去处理。这叫越穷越见鬼！

（3）导致污染净化能力降低。微生物对有机物质的氧化作用速度与溶解氧浓度成正比。溶解氧浓度低一方面污染率增加，另一方面净化速度减少！因此溶解氧浓度低容易造成污染物快速积累，大幅度降低池塘的污染承载能力，引起水质退化、老化和恶化。

（4）导致条件致病性病原微生物增加。几乎所有水产养殖动物的病原微生物都是兼性厌氧菌。当溶解氧浓度不足时，好氧微生物失去了竞争优势，兼性厌氧微生物获得了机会，从而导致病害发生。

（5）导致有毒有害的物质产生。溶解氧低将导致还原性如硫化氢等有毒有害的物质产生。据泰国专家介绍，南美白对虾所有病害的根源有 80% 是硫化氢引起的。

（二）溶解氧过高的危害

（1）溶解氧浓度过高可导致氧中毒。高浓度的溶解氧可产生大量自由基，对肌体许多器官具有伤害作用。

（2）溶解氧浓度过高会导致急性或慢性气泡病，对养殖动物，尤其是幼体阶段，有时是致命的——全军覆没。而大多数情况下是在一段比较长的时间内，连续发病。也有人认为，亚气泡病是大多数鱼虾病害的内因，这并非没有道理。

（三）温度与溶解氧饱和度

水体中溶解氧的饱和度随着温度的上升而降低，也随着盐度的增加而减少。对于池塘养殖来说，尽管池塘增氧动力不变，随着池塘水体温度的升高，增氧效率是在下降的。

温度升高，对虾生长速度加快，饲料增量也持续加快，因此，池塘对溶解氧需求量也在持续而且快速增加。但是，随着温度的升高，水中溶解氧饱和度降低，机械增氧效率也降低！

因此，只有了解这一点，才能把握饲料投入量与池塘水温之间的关系。水温上升，如果保持原来的投饵量，水体中由于机械增氧效率降低，供氧量下降，池塘水体中溶解氧水平就会下降，如果再增加投饵量，那池塘水体的溶解氧将大幅度降低！那么，耗底、偷死、底部恶化等一系列问题必然随之而来。

表7-1为不同温度、盐度下溶解氧的饱和度，供参考。

表7-1　不同温度、盐度下溶解氧的饱和度

单位：克/米^3

温度（℃）	盐　　　度								
	0	2.5	5	10	15	20	25	30	35
18	9.51	9.349	9.191	8.882	8.585	8.291	8.018	7.749	7.490
19	9.319	9.163	9.009	8.708	8.418	8.138	7.867	7.605	7.351
20	9.136	8.983	8.883	8.541	8.258	7.985	7.720	7.465	7.218
21	8.959	8.810	8.664	8.379	8.103	7.837	7.579	7.330	7.089

（续）

温度（℃）	盐　　度								
	0	2.5	5	10	15	20	25	30	35
22	8.788	8.643	8.501	8.223	7.954	7.694	7.443	7.199	6.964
23	8.623	8.482	8.343	8.072	7.810	7.556	7.311	7.073	6.844
24	8.463	8.326	8.190	7.926	7.670	7.423	7.183	6.952	6.727
25	8.309	8.175	8.043	7.785	7.536	7.294	7.060	6.834	6.615
26	8.161	8.030	7.901	7.649	7.405	7.169	6.941	6.720	6.506
27	8.017	7.889	7.763	7.517	7.279	7.049	6.826	6.609	6.400
28	7.877	7.752	7.629	7.389	7.157	6.932	6.714	6.503	6.298
29	7.742	7.620	7.500	7.266	7.039	6.819	6.605	6.399	6.199
30	7.611	7.492	7.375	7.146	6.924	6.709	6.500	6.298	6.103
31	7.485	7.368	7.254	7.030	6.813	6.602	6.398	6.201	6.009
32	7.362	7.248	7.136	6.917	6.705	6.499	6.300	6.106	5.919
33	7.242	7.131	7.022	6.807	6.600	6.399	6.204	6.014	5.831
34	7.127	7.018	6.911	6.701	6.498	6.301	6.110	5.925	5.746
35	7.014	6.908	6.803	6.598	6.399	6.207	6.020	5.838	5.662

第三节　氧　　债

一、氧债的组成

水中的氧气状况取决于氧的收入和支出的平衡。在相对封闭的池塘系统中，氧的收入主要包括水生植物的光合作用和大气的溶解，氧的支出主要包括"水柱"呼吸、虾类和其他养殖生物呼吸以及底质呼吸。浮游植物的光合作用是池塘中氧的最有效和最经常的来源，占池塘自然溶氧收入的60%～95%；大气溶解是池塘溶氧的重要补充，占溶氧收入的4.7%～40.0%。

"水柱"呼吸是一个综合的耗氧过程，包括浮游细菌、浮游植物、浮游动物的呼吸以及细菌对溶解和悬浮有机物质的分解，是主要的耗氧组分，占消耗总氧量的50%～75.1%。在传统池塘养殖中，养殖生物呼吸在总耗氧量中所占比例与养殖密度有密切关系。但即使在精养条件下，养殖生物本身的呼吸并非耗氧的主要因子，不过占总耗氧量的5%～22%。底质呼吸包括底栖生物群落的呼吸及细菌对沉积物有机质的分解，在总耗氧量中所占比例较低，为3%～20%。

笔者以汉沽精养对虾池塘为例，具体分析一下氧债组成。

天津汉沽精养虾池毛产氧量为3.94～6.95克/（米²·天），呼吸耗氧为3.53～10.75克/（米²·天），养殖前期净产氧量为正值，P/R① 在1左右，而中后期则在0.5左右，净产氧量变为负值，精养池塘水柱深度大，有着很高的呼吸率。图7-1和图7-2显示增氧机开动与否对水层溶氧的分布有着显著影响，开动状态下溶氧混合较为均匀，溶氧量高于4.5毫克/升；而未开动增氧机的对照池塘底层溶氧接近0值。有报道表明叶轮式增氧机的充气作用既可以提高底层溶氧又可以减少水温和化学物质的分层现象。所以，合理利用叶轮式增氧机补充中下水层溶氧不足为对虾健康养殖的关键。

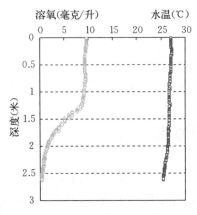

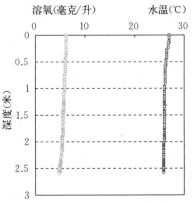

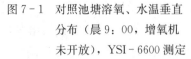

图7-1　对照池塘溶氧、水温垂直分布（晨9：00，增氧机未开放），YSI-6600测定

图7-2　养殖30天池塘A溶氧、水温垂直分布（晨9：00，增氧机开放），YSI-6600测定

---

① P/R为生产量与呼吸量的比值。

　　底质呼吸包括底栖生物群落的呼吸、细菌分解沉积腐质耗氧和非生物耗氧等，精养虾池底质呼吸耗氧率波动为 0.62～2.43 克/(米^2·天)，底质呼吸耗氧率与上覆水溶氧呈正相关，溶氧浓度低时，底泥耗氧率明显下降；而溶氧浓度高时，底泥耗氧率明显地增加。池塘溶氧浓度低于某一临界水平会抑制底泥呼吸，使其呼吸率明显下降，而当溶氧浓度升高后，溶解氧的扩散速率和扩散通量大幅增加，底泥呼吸恢复正常，呼吸率又会很快增大。所以，池塘上覆水溶氧是决定底质呼吸的重要因子。

　　具体就氧债而言，养殖生态系统有机物进行氧化分解，在溶氧不足的情况下，好气性微生物、有机物的中间产物和无机还原物的理论耗氧值受到抑制，受到抑制的这部分耗氧量则为氧债。汉沽虾塘中将系统呼吸耗氧量减掉浮游生物产氧量的差值作为精养池塘的系统氧债，图 7-3 显示，系统氧债在养殖初期为－0.10 克/(米^2·天)，养殖过程中随水呼吸和对虾呼吸升高而显著增加，呈线性模式，到养殖中期氧债即达到 17.65 克/(米^2·天)，表明精养池塘氧消耗巨大，氧债现象明显。从系统空间看（图 7-1 和图 7-2），氧债主要产生在水体下层，未开动增氧机池塘 1.2 米水层以下溶氧急剧下降，1.6 米水层溶氧降为警戒线 4.5 毫克/升，2.2 米以下水层溶氧不足 1 毫克/升，氧债空间分布明显。

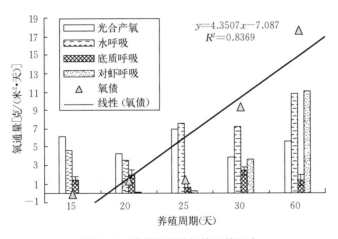

图 7-3　精养虾塘的氧债及其组成

　　图 7-3 显示形成氧债的各组分中，底质呼吸对氧债的贡献率在 6.06%～36.27%，水呼吸的贡献率在 46.30%～89.69%，对虾呼吸的贡献率在

4.12%～47.64%，对虾呼吸贡献率在养殖周期中随对虾生物量升高而逐渐增大。在施肥养殖淡水鱼池的溶氧消耗中，底质占10%，水呼吸占70%，池鱼占20%。在半精养对虾池塘中，上述各组分对氧债的贡献率依次为底质13.4%～18.9%或16.6%；水呼吸63.1%～69.7%或58.2%；对虾13.7%或25.2%。与之相比，精养池塘水层深度大，养殖对虾生物量高，尤其在养殖后期，水深可达4米，对虾生物量到2.15千克/米²，水呼吸和对虾呼吸成为氧债形成的决定性因素（图7-4）。

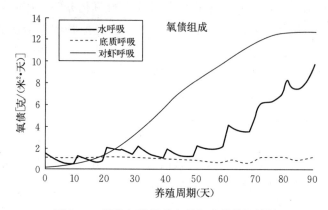

图7-4 精养虾塘氧债和其组成的模拟结果

系统偿还氧债的方式包括大气扩散作用引起的池塘上层水体得氧和人工增氧，前者作用较小，所以精养池塘系统偿还氧债主要依靠人工增氧。

二、氧债的管理

我国传统的池塘养殖产量在全世界都是一流的。池塘产量高的前提是载鱼量要大，意味着饲料投入量也要大。因此，在没有增氧机的年代，想提高饲料投入量必须提高剩余氧的量。那么，我们的先辈是如何做到的呢？

前面说过，光合作用输入的氧和有机碳是等量的，只有将这些有机碳尽量多地转化为不消耗氧的碳汇或氧债，才能得到更多的剩余氧用于饲料的投入。

在没有增氧机或其他紧急增氧装置的传统池塘养殖中，进入池塘的溶解氧主要来自光合作用。空气扩散进入池塘的氧非常少。因此，只有把输入到池塘的有机碳要么变成鱼虾肌体（碳汇），要么以还原性矿物的形式（氧债）存在，否则就必须消耗氧。

（1）将有机碳转化为鱼肉（碳汇）。淡水池塘养殖混养鲢和鳙，不仅可以控制藻类和浮游动物的生物量，维持生态平衡，强制物质循环，还可以将有机碳转化为鱼肉，从而降低氧的消耗，提高剩余氧的量。

1千克活鱼大约含有150克左右的碳元素，相应节约了［150/12×32］=400克氧。也就是说，池塘中每生产1千克鲢、鳙，相当于储存了150克碳汇，为水体增加了400克剩余氧。

（2）将有机碳储存于池塘底部的淤泥中（氧债），或直接以未分解的有机碳存在，或转化为还原性惰性有机物或矿物质存在。如将氧化态腐殖质还原为还原态腐殖质，或将氧化态铁、锰、硫等矿物质还原为还原态铁、锰、硫。这一部分氧债可用化学耗氧量来度量。池塘底部氧债可提供的剩余氧的量与池塘土壤性质有关。

一个养殖周期结束后，碳汇作为副产品收获，而池塘底部的氧债必须通过干塘、晒塘（池塘底部修复）偿还。如果池塘底部土壤没有在休耕期间（即两造养殖周期之间）得到完全修复（即彻底偿还氧债），那么，下一造的剩余氧量将下降。所谓新塘旺三年的原因就是休耕期间氧债没有还清导致池塘生产力降低所引起的。

由于我国传统池塘养殖经前人几千年的探索，选择出几个适合于积累碳汇的养殖品种以及形成了一整套合理混养、搭配模式，并总结出一套高效科学的氧债管理技术，使得我国传统池塘养殖产量能够遥遥领先于国际水平。

三、晴天的氧债

氧债主要来自饲料投入和光合作用产物（碳水化合物），晴天是池塘光合作用最强烈的时候，也是氧债，尤其是池塘底部的氧债形成最严重的时候，是导致"白撞雨"的本质（彩图4）：①太阳辐射强，风力弱，水体热分层，氧气无法到达池塘底部，底部氧债增加；②光合作用强烈，表层水体溶解氧过饱和从而逸出，留下碳水化合物，增加氧债（光合作用导致"负增氧"）；③天气好，表层水体溶解氧高，投喂量大，进一步增加氧债；④藻类容易老化、光氧化、倒藻，死亡的藻类进一步增加氧债。

此时，如果遇到水体不正常流转（如刮风、下暴雨等）的情况，灾难性后果将会产生。由下雨导致的氧债暴发在珠江三角洲俗称"白撞雨"。相对而言，阴天开增氧机是还氧债的过程（氧进去，二氧化碳出来，带走氧债）。因此，阴天、雨天导致池塘"泛塘"的根源是晴天留下来的氧债！

所以，晴天池塘的管理应该比阴天更谨慎（阴天只要不缺氧，不会产生其他问题）。避免由于晴天强烈的光合作用导致池塘底部氧债增加和积累的最有效的方法就是多开增氧机（遗憾的是许多养殖户总认为晴天光合作用强烈，池塘溶解氧"充足"，开增氧机是浪费）以促进水体流转，将光合作用产生的氧气带到池塘底部以加强底部有机物质的分解（晴天增加投饵量，粪便、残饵导致底部氧债增加），其次是搅动。

第四节　增氧与增产

生物化学反应的速度一般遵循米氏方程：

$$V = V_{max} \ [S] \ /(K_m + [S])$$

其中 V_{max} 为该反应的最大速度，$[S]$ 为底物浓度，K_m 为米氏常数，V 为在某一底物浓度时相应的反应速度。

生物呼吸作用（$CH_2O + O_2 \rightarrow CO_2 + H_2O$）也一样，在一定范围内，溶解氧越高，反应速度也越快。大凡从事水产养殖的人都明白，溶解氧越高，饲料效率越高，生长速度也越快。饲料效率高意味着饲料污染减少。同样，溶解氧浓度越高，微生物的呼吸也越快，意味着微生物对污染物的处理速度也加快。

假设溶解氧浓度增加 5%，饲料效率提高 5%（污染率也降低 5%），同时微生物的净化能力也提高 5%。相反，假设饲料投入量超过承载力的 5%，溶解氧降低 5%，饲料效率和微生物净化速度也各降低 5%。

在养殖过程中，随着鱼虾的长大，饲料投入量逐步增加。如果饲料投入量的进一步增加超过了氧的供应能力引起溶解氧浓度降低，会引起池塘生态系统断崖式崩溃。例如，假设平衡时污染量为1，鱼虾饲料效率为1，微生物的分解速度1，系统平衡。如果饲料投入量增加 5%，导致溶解氧浓度降低 5%，则污染相应增加为：

$$(1+5\%)/(1-5\%)/(1-5\%)=1.1634$$

即饲料超载 5%，污染增加 16.34%。

相反，如果溶解氧提高 5%，则不仅提高饲料效率、节约饲料成本、鱼虾生长速度快、缩短养殖周期、降低风险，而且承载能力相应提高：

$$1/(1-5\%)\cdot(1+5\%)=1.105$$

即产量可以提高 10.5%。

特别是海水或咸淡水对虾养殖，提高溶解氧浓度不仅可以提高产量，还可以控制弧菌。因为弧菌在溶解氧浓度低时能够以硫酸为电子受体和氢受体进行无氧呼吸，具有生存优势。提高溶解氧浓度，专性好氧微生物具有生长优势，能够抑制弧菌的生长。尤其是采用碳氮平衡的生物絮团技术的养殖系统，由于大剂量补充有机碳，容易导致溶解氧降低而造成弧菌/总菌的比例上升。所以，增氧又是有效控制不良微生物的有效措施，是稳产的重要保证（图 7-5）。

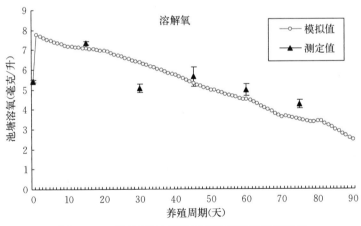

图 7-5　对虾精养池塘溶解氧的实测和模拟结果

第五节　间接供氧系统

氧化还原是生物获得能量用于生存生长的基本生物化学反应。在池塘养殖的生态系统中，能量来源于有机物质（蛋白质、脂肪和糖类）中的碳

（最简单的基本单位表示为 CH_2O）的氧化，而氧化过程中产生的电子和氢离子的最终受体是氧。也就是说，在这个氧化还原过程中，CH_2O 被氧化为 CO_2，而 O_2 被还原为 H_2O，所释放出来的能量被生物用于生存和生长活动。

但是，池塘里存在着各种氧化还原微环境，也就存在着各种电位梯度，为各种各样的微生物提供相应的氧化还原环境。这些反应之间必须处于相对平衡状态，否则，可能造成池塘生态系统失衡、紊乱，甚至崩溃。

池塘水体中电子（e^-）和氢离子（H^+）供体的主要来源：
$$CH_2O + H_2O \rightarrow CO_2 + 4e^- + 4H^+$$
电子受体和氢受体除了氧之外，主要间接供氧系统（无氧呼吸）有：

氮系统（硝酸呼吸）：
$$NO_3^- + 8e^- + 10H^+ \rightarrow NH_4^+ + 3H_2O$$

硝酸再生：
$$NH_4^+ + 2O_2 \rightarrow NO_3^- + H_2O + 2H^+$$

铁系统（铁呼吸）：
$$Fe_2O_3 + 2e^- + 2H^+ + H_2O \rightarrow 2Fe(OH)_2$$

高铁再生：
$$2Fe(OH)_2 + 1/2O_2 \rightarrow Fe_2O_3 + 2H_2O$$

锰系统（锰呼吸）：
$$MnO_2 + 2e^- + 2H^+ \rightarrow Mn(OH)_2$$

高锰再生：
$$Mn(OH)_2 + 1/2O_2 \rightarrow MnO_2 + H_2O$$

硫系统（硫酸呼吸）：
$$SO_4^{2-} + 8e^- + 10H^+ \rightarrow H_2S + 4H_2O$$

硫酸再生：
$$H_2S + 2O_2 \rightarrow SO_4^{2-} + 2H^+$$

表面上看，氧化态的氮、铁、锰、硫都能作为电子受体和氢受体，但最终这些电子和氢离子都必须交给氧，然后再生，系统才能持续进行，否则水体就会被还原，系统就会失衡。这意味着任何添加到池塘里的有机碳，无论采用什么"不消耗氧气的微生物"处理，最终都要消耗氧气，池塘生态系统才能维持稳定（图 7-6）。

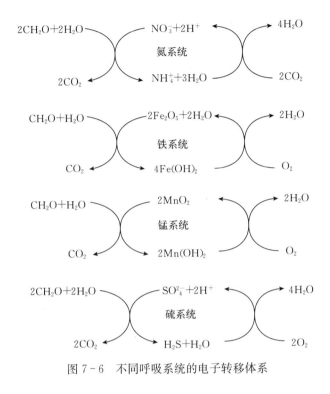

图 7-6　不同呼吸系统的电子转移体系

第六节　化学增氧剂的选择

　　化学增氧剂一般用于紧急增氧，成本相对于物理增氧而言要贵很多。当然，有些土豪不不在乎成本，只贪图方便，经常使用化学增氧剂去"改底"。但是，尽管不在乎成本，如果经常使用，也必须考虑到，不同水质属性的池塘，应该选择不同类型的化学增氧剂。

　　常用的化学增氧剂有过硫酸氢钾、过碳酸钠和过氧化钙，它们与水反应，释放氧气后产生的残余物质不同，对水质有不同的影响。

　　过硫酸氢钾（$KHSO_5 \cdot 0.5KHSO_4 \cdot 0.5K_2SO_4$）其中有效成分为$KHSO_5$，与水反应后：

$$KHSO_5 + H_2O \rightarrow KHSO_4 + H_2O_2$$
$$2H_2O_2 \rightarrow 2H_2O + O_2 \uparrow$$

反应残余物为硫酸根。

过碳酸钠与水反应后：

$$Na_2CO_4 + H_2O \rightarrow Na_2CO_3 + H_2O_2$$

$$2H_2O_2 \rightarrow 2H_2O + O_2 \uparrow$$

反应残余物为碳酸钠，碳酸钠吸收碳酸转化为碳酸氢钠。

过氧化钙与水反应后：

$$2CaO_2 + 2H_2O \rightarrow 2Ca(OH)_2 + O_2 \uparrow$$

反应残余物为氢氧化钙。氢氧化钙吸收二氧化碳转化为碳酸氢钙。

因此，过硫酸氢钾适用于碱性水体（高碱度、低硬度），尤其是盐碱水，不适用于酸性（高硬度、低碱度）水体，尤其是酸性硫酸盐池塘；过碳酸钠适用于酸性硫酸盐池塘（高硬度、低碱度水体），而不适用于碱性池塘（高碱度、低硬度水体）；过氧化钙适用于碱度硬度大致相等或碱度硬度都偏低的池塘。

第七节　增　氧　机

一、常见增氧机的种类与特点

合理使用增氧机可有效增加池水中的溶氧量，加速池塘水体物质循环，减弱或消除有害物质，促进浮游生物繁殖。对于预防和减轻鱼类浮头，防止泛池以及改善池塘水质条件、增加鱼类喂食量以及提高产量等都具有良好的促进作用。但有许多养鱼场，用户使用池塘增氧机缺乏科学性，这将直接影响增氧机的使用效果。中高产池塘必须装备机械增氧装置，以弥补光合作用供氧的不足。机械增氧机种类很多，养殖人员必须对各种增氧机的性能和特点有所了解，才能正确使用或合理搭配，以达到最佳使用效果。

1. 叶轮式增氧机　叶轮式增氧机除增氧外，还有搅水、曝气的功能，促进浮游植物的生长繁殖，提高池塘初级生产力。在使用过程中，可形成中上层水流，使中上层水体溶氧均匀，适用于池塘养殖和池塘急救设备。但增氧区域只限于一定范围内，用于较大池塘时对底层水体的增氧效果较差，容易将鱼塘的底泥抽吸上来，不适宜在水位较浅的池塘使用（图7-7）。

2. 水车式增氧机　水车式增氧机具有良好的增氧及促进水体流动的效果，适用于淤泥较深的池塘。在鱼发生浮头时，不适合用作急救。对底层上升体力不够大，对深水区增氧效果不理想（图7-8）。

图 7 - 7　叶轮式增氧机和增氧效果

图 7 - 8　水车式增氧机和增氧效果

3. 充气式增氧机　充气式增氧机的曝气管大多使用纳米管，故也称微孔增氧机。水越深效果越好，适合于深水水体中使用。它对下层水的增氧能力比叶轮式增氧机强。增氧动力效率高，相对省电。但对上层水的增氧能力较低，稍逊于叶轮式增氧机（图 7 - 9）。

图 7 - 9　充气式增氧机及增氧效果

4. 射流式增氧机　射流式增氧机增氧动力效率超过水车式、充气式、喷水式等形式的增氧机，其结构简单，能形成水流，搅拌水体。射流式增氧机能使水体平缓地增氧，不损伤鱼体，适合鱼苗池增氧使用（图7-10）。

图7-10　射流式增氧机

5. 吸入式增氧机　吸入式增氧机通过负压吸气把空气送入水中，并与水形成涡流混合把水向前推进，因而混合力强。不适宜在水位较浅的池塘使用（图7-11）。

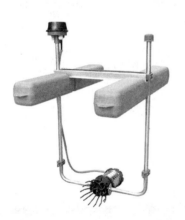

图7-11　吸入式增氧机及增氧效果

6. 曝气涌浪式增氧机　曝气涌浪式增氧机据称是目前水产养殖增氧设备中最新的产品，其设计最大的优点是省电。增氧原理与叶轮式和水车式不同，独特的花朵状螺旋形叶轮配合环形浮筒，能使输出的水向上喷发，造成一定区域的水体为沸腾状，因而提高水体在喷发过程中与空气的接触，从而提高水体的溶氧量。同时水在向上喷发时直接穿越电机和减速机，使电机与减速机在水的冷却下实现长时间工作不发热（图7-12）。

图 7 - 12　曝气涌浪式增氧机及增氧效果

7. 喷水式增氧机　喷水式增氧机具有良好的增氧功能，可在短时间内迅速提高表层水体的溶氧量，同时还有艺术观赏效果。适用于园林或旅游区养鱼池使用（图 7 - 13）。

图 7 - 13　喷水式增氧机及增氧效果

二、增氧机的选择

不同的养殖模式，不同的养殖对象，不同的池塘深度，与之相适应的增氧机也有所区别。

一般来说，叶轮式增氧机具有消层、混合、增氧和促进藻类光合作用，缺氧时可进行紧急增氧，适应于间歇使用，产量不是很高的四大家鱼养殖。

水车式增氧机具有造流能力强的作用，适合于需要水流刺激的水产动物，如对虾、鳗等开机时间比较长，甚至 24 小时连续开机的品种。

充气式增氧机电力效率比较高，但造流能力比较差，适应于局部增氧的池塘，如四大家鱼养殖的饵料台区域增氧；或高强度增氧的池塘，如对虾高密度养殖；或不适用于其他机械增氧机的小水体养殖环境，如小型水泥池。

喷水式增氧机具有小巧、省电，表层局部增氧作用好的特点，适应于花园景观、庭院等养殖密度低的池塘。

一般来说，低产池塘大多采用叶轮增氧机作为紧急增氧设备，平时只在缺氧时紧急使用和中午搅水消层时使用。

随着养殖密度增加，需要配置更多的增氧设备时，可采用叶轮增氧机和水车式增氧机联合使用。一般情况下将水车式增氧机安装在边上，叶轮式增氧机安装在中间，将由水车式增氧机引起水流旋转集中到中间的沉积物再用叶轮式增氧机悬浮上来。但要注意两种增氧机的水流方向必须一致。

如果再提高产量，必须再增加补氧能力，此时水流速度已经足够，可采用充气式增氧机进一步提高增氧能力，以避免水流速度过快。

在此基础上，进一步提高产量，可采用射流式增氧机进一步强化底部增氧和搅动。

按照养殖密度递增顺序：叶轮式增氧机或水车式增氧机，叶轮式增氧机＋水车式增氧机，叶轮式增氧机＋水车式增氧机＋充气式增氧机，叶轮式增氧机＋水车式增氧机＋充气式增氧机＋射流式增氧机。

超高产小水体增氧：高密度微孔管纯氧增氧＋气提式增氧（促进水体运动）。

第八节　钦南地区的对虾增氧

钦南地区是钦江的小"三角洲"。土壤属于"湿地"类型，因此，红树林地带的酸性硫酸盐土壤比较常见。池塘类型基本是土塘，且大多数池塘为长期不清淤的老塘。常见的水质问题主要是底质缓冲能力差，水质不稳定，尤其是下雨，往往带来比较大的水质波动。

2016年早造池塘空塘率近25%，养殖户中赚到钱的约有八成（包括后期发病，但还略赚到钱）。主要问题是肝胰脏和肠道问题，病毒性病害比较少见。

笔者于2016年8月24日走访了市郊尖山镇几个养殖户，都是浙江老板。现场检测池塘水体的总碱度，都在90～110，非常理想（彩图14）。从养殖户那里了解到，前期不需要怎么施肥，很好培水，可以证实水体生产力高这个判断。

但是，普遍反应的问题是稳定性差。分析原因在于底部土壤没有缓冲能力，这跟该地区底质大部分是沙质底有关。加上该地区原本应该属于红树林土壤，是池塘微量元素缺乏缓冲能力的主要原因。

水好，藻类容易培养，好"做水"，但藻类生长速度快的同时，水体中微量元素消耗也快，由于底部土壤缺乏缓冲作用，必然导致蓝藻优势或藻类老化，造成不稳定。

当养殖户勉强完成第一造养殖后，往往没有时间对池塘底部进行认真处理，只是简单消毒后就进入第二造养殖，结果往往不到一个月就出问题，彩图 15 是放苗不到一个月池塘用三角兜刮上来的底部表面的淤泥。可想而知，这种环境下对虾必然加不上料，生长缓慢。可以判断，过不了多久，随之而来的必然是红须红腿、肝胰腺病变、白便、空肠空胃。

下面的养殖户（钦南地区，彩图 16），曾经创造过四口池塘一造利润 100 万的辉煌，但近年屡战屡败，本想和老板探讨一下，但老板似乎对所有专家都有抵触，不愿交流有些遗憾。但可以肯定，这是池塘底部出了问题。

钦南地区有个习惯，笔者也是第一次开眼界：在养殖中后期增加增氧机。但接触过的几个老板都有这样的教训：安装增氧机后不仅没有改善环境，反而在两三天后发病，不得不提前"抓虾"。

究其原因，这是增氧机使用不当造成反底，对虾急性中毒引起的。

一般来说，新增加的增氧机一定安装在原来没有增氧机的比较宽阔、水流比较缓慢的地方，这个区域的底部已经积累了大量有毒有害的沉淀物。养殖户不懂得利害关系，装上增氧机后，合上电源就回家了，殊不知这一开机，把整个底部有毒有害的物质全部搅动起来，引爆了"炸弹"，造成严重后果。

增加增氧机看是小事，但一着不慎，全盘皆输。分析中，有个养殖户回忆说，当时他在一个不到 10 亩的池塘中间同时安装 2 台增氧机，那天又是阴天，后果可想而知，抓虾吧！

因此建议：养殖中期新增加增氧机后，不得随意开机，应选择晴天中午，人不可离开池塘，根据增氧机搅上来的浑浊程度随时关机，引起水体浑浊的面积不得超过池塘总面积的 1/5（或开机 15～30 分钟）；下一个晴天中午再开机，观察水体浑浊程度，及时关机（或开机 30～60 分钟）；如是操作，一次开机时间比一次长，直到开机后水不浑浊，人方可离开并连续开机和常规使用该增氧机。

第八章　氮的功与过

第一节　固氮与脱氮

　　自然界所有生物都是由蛋白质构成的（某些病毒除外），而氮是蛋白质区别于其他有机物质的主要特征成分。因此，没有氮，就没有蛋白质，也就没有生命。在没有人为干预的任何生态系统，氮的输入和保留量，决定了该生态系统的生物总量。

　　自然界氮循环从生物固氮开始，由固氮微生物或固氮藻类实现；将大气中的氮气通过生物固氮还原成氨直接用于蛋白合成，或由共生固氮菌将氮气还原成氨后供给宿主进行蛋白合成。

　　固氮菌是一种以氮气为呼吸链终端电子受体和氢受体的微生物。是氮呼吸的一种典型微生物（厌氧过程）。该微生物通过氧化糖类或其他还原性物质获得能量，氧化过程产生的电子和氢离子通过固氮酶将氮气还原成氨。类似于好氧微生物将氧气还原为水的过程。由于氨带有能量，所以，以氮气为氧化剂去氧化有机物获能比以氧做氧化剂获能少得多，这是固氮菌生长速度比较慢的原因之一。

　　动物摄食植物或固氮菌，将部分蛋白同化，另一部分蛋白被异化为氨氮释放到环境中。这些氨要么被植物重新吸收利用再合成蛋白，构成新的生物体，要么被亚硝化和硝化细菌氧化为亚硝酸和硝酸。这是因为氨和亚硝酸都含有能量，亚硝化细菌和硝化细菌通过氧化氨和亚硝酸以获得能量用于生长。但也因为氨氧化成亚硝酸和亚硝酸氧化成硝酸所获得的能量很少，所以，亚硝化细菌和硝化细菌生长速度非常慢，特别是硝化细菌。

　　硝酸在自然界作为一大类厌氧微生物呼吸链终端的电子受体和氢受体，将硝酸氮转化为氮气。完成自然界氮的循环。将硝酸还原为氮气的一大类细菌被称为脱氮菌。当然，硝酸也可以被微生物还原为氨，重新合成蛋白进入生物体。这类微生物称为硝酸还原菌。

近些年来发现有些细菌可以在好氧条件下将硝酸还原成氮气，称为好氧反硝化或好氧脱氮菌。既然该细菌可以用氧气作为电子受体和氢受体，为什么还能同时使用硝酸作为电子受体和氢受体？这两种受体在该微生物细胞内的关系又如何？目前还没得到完全解释。

好氧脱氮应该是池塘高密度养殖最有前景的方法之一。目前已经有许多关于在对虾、加州鲈、草鱼等池塘分离到好氧反硝化细菌的报道。

氮的功劳是构成生命的载体——蛋白质。氮决定了生态系统的生物量。

在池塘养殖中，氮是浮游植物生长的基本营养素之一，缺氮的水体浮游植物无法生长繁殖。所以，养殖前期培藻时也需要氮肥。

水产养殖的本质也是氮的转化，将饲料中的氮转化为鱼虾肌体中的氮。动物摄食饲料后，将部分饲料氮同化为肌体氮，将其他氮异化为氨氮，排出体外。对于饲料而言，氮同化率越高，即氮保留率越高，饲料系数就越低，饲料质量也就越高。但无论饲料品质再高，水产动物也无法全部将饲料氮转化为肌体蛋白氮。意味着投入到池塘的饲料氮除了部分转化为水产动物的蛋白氮外，还有部分饲料氮会转化为氨氮进入养殖环境。

在高密度养殖的情况下，水产动物排出的氮（氨）如果积累，对养殖动物就有不良影响，必须处理。这是水产养殖中氮的害处。

第二节 氮累积的危害

任何生物的代谢终产物都对自身有毒。氨氮是水产动物代谢的主要终产物。因此，高浓度的氨氮对养殖动物有毒，其致死浓度不同养殖品种不同，同一品种在不同生长阶段对氨氮的耐受性也不同。此外，氮是生物体蛋白构成成分，氮的含量决定了养殖环境生物的总量。

在池塘养殖过程中，每天都必须投入饲料喂养水产动物，因此，每天都有新的氨氮进入水环境，如果氨氮不能及时处理，必然导致氮的积累，过多的氨氮积累将引起养殖动物过水环境产生各种问题。氨氮随养殖进程的累积效应见图 8-1。

1. 氨氮积累对养殖动物的影响

（1）直接致死。氨在水体中有两种形态，NH_3 和 NH_4^+，其中，后者毒性较低，有的文献认为 NH_4^+ 无毒。总氨中 NH_3 和 NH_4^+ 的比例取决于 pH，

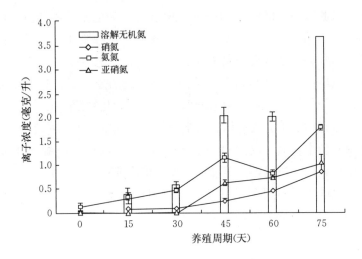

图 8-1　对虾精养池塘水体各形态氮在养殖周期中的变动

　　注：水体中各形态氮是决定水质性状的重要指标，直接关系到对虾养殖的成败。图 8-1 显示，在对虾养殖 45 天时（对虾生长到 6.66 厘米），各形态氮呈现显著上升趋势，其中氨态氮超过 1 毫克/升，亚硝氮超过 0.5 毫克/升，表明随对虾生物量和饲料投喂量增加，养殖水质富营养化水平显著增高；在对虾养殖 75 天时（对虾生长到 9.91 厘米），亚硝氮超过 1 毫克/升，溶解无机氮显著增加，达到 3.67 毫克/升，对虾养殖池塘已有部分对虾发病，表明养殖水质恶化，已经不利于对虾生产。

pH 越高，NH_3 比例越大。可由池塘水体总氨氮量求未离解氨氮量，计算公式如下：

$$NH_3-N=17/14×(NH_4^+×10^{pH})/(K_b/K_w+10^{pH})$$

　　式中，$K_b/K_w=e^{6344/(273+t)}$。

　　NH_3 在致死浓度之下，鱼虾类会急剧中毒死亡。发生氨急性中毒时，鱼虾表现为急躁不安，由于碱性水质具较强刺激性，使鱼虾体表黏液增多，体表充血，鳃部及鳍条基部出血明显，鱼在水体表面游动，死亡前眼球突出，张大嘴挣扎。

　　氨的氧化物——亚硝酸对养殖动物也有很强的毒性，尤其是在淡水环境中。据研究报道，当亚硝酸含量达到 0.6 毫克/升时，就会使南美白对虾出现慢性中毒症状，超过 1.5 毫克/升时，会出现急性中毒症状。慢性中毒症状是不摄食，多数虾空胃或少胃，游动缓慢，弹跳无力，尾肢、附肢、触须变红。

重度中毒时，上述症状加重，身体逐渐变为青紫色，继而变成白色，最后静伏池底死亡。

不同的水环境条件下，氨氮致病浓度不同。举例说明：据研究报道，氨氮在斑节对虾幼虾〔（3.9±0.33）厘米〕的安全值为2毫克/升，小虾〔（9.1±0.8）厘米〕为4.26毫克/升。据研究报道，在日本对虾的养殖生产中，5毫克/升的氨氮浓度可以造成严重的对虾减产；在对印度对虾进行的试验中，证明亚硝酸氮6.4毫克/升对其生长产生了不良影响，在34天的试验中，对虾的生长几乎减慢了50%；亚硝酸氮在斑节对虾幼虾〔（6.3±0.07）厘米〕的安全值是2毫克/升，小虾〔（9.1±0.8）厘米〕是10.6毫克/升，斑节对虾养殖中亚硝酸氮96小时的半致死浓度（LC_{50}）为13.6毫克/升。有研究报道证明了硝氮一般而言对养殖生物没有毒性，如对虾养殖生产中高达200毫克/升的硝氮浓度对斑节对虾没有任何影响，估计硝氮的LC_{50}为同样条件下亚硝氮的20倍。

当亚硝酸被鱼类吸收后，与血红蛋白反应生成高铁血红蛋白：$Hb + NO_2^- = Met - Hb$。在这个反应中，血红蛋白的亚铁血红素亚基中的铁被从亚铁氧化成正铁状态，结果所产生的高铁血红蛋白没有带氧能力。由于这个原因，亚硝酸根毒性造成血红蛋白活性下降或功能性贫血症。含有相当数量高铁血红蛋白的血液呈现棕色，所以，亚硝酸中毒一般称为"棕血病"（彩图17）。虾类含有血清素，一种在血红素中含铜而不是铁的化合物，但亚硝酸对虾类一样有毒。

所以，氨氮指标在具体水环境下要具体分析。

（2）器官损伤。在次致死浓度下，会破坏鱼虾皮、胃肠道的黏膜，造成体表和内部器官出血。

（3）免疫机能受损。在次低浓度下，养殖动物对病原的易感性增加。氨也会和其他造成水生动物疾病的原因共同起叠加作用，加重病情并加速其死亡。

（4）慢性中毒。在0.01～0.02毫克/升的低分子氨浓度下，水产动物可能慢性中毒，出现下列现象：一是干扰渗透压调节系统；二是易破坏鳃组织的黏膜层；三是会降低血红素携带氧的能力。

（5）抑制生长。鱼虾长期处于分子氨浓度为0.01～0.02毫克/升的水体中，生长会受到抑制。食欲差，饲料利用率下降。

2. 氨氮过多对水环境的影响 氮在环境中以无机态氮（氨氮、亚硝酸氮和硝酸氮）或有机态氮（细菌、藻类）的形态存在。

（1）导致养殖水体氨氮浓度上升。引起养殖动物出现上述的各种问题。

（2）导致养殖水体存在亚硝酸浓度上升的风险。

（3）导致藻类生态紊乱。天气良好时氨氮积累会引起藻类过度生长。过度生长的藻类的自我遮光以及对其他微量营养素的竞争引起藻类物种多样性降低，引起蓝藻暴发和倒藻，造成藻毒素产生和水环境恶化、甚至崩溃。从而产生一系列鱼虾病害问题。

（4）导致微生物生态紊乱。在碳源充足（藻类老化导致藻类胞外分泌物增加，微生物碳源增加）或人工补碳的情况下，氨氮过多会导致微生物过度生长。微生物过度生长引起氧浓度降低，进而引起微生物种群发生变化，最终导致微生物生态系统紊乱，导致系统崩溃和鱼虾病害发生。

（5）藻类老化和微生物过量一方面导致底层溶解氧不足，大量的死亡藻类和微生物絮团沉淀引起池塘底部恶化、病原滋生和有毒有害物质产生。

因此，氨氮过量是直接引起鱼虾病害和引起池塘生态系统退化、恶化和崩溃而导致鱼虾病害的重要根源。

但水中多种元素影响氨氮、亚硝氮等毒性，包括：水中氯化物浓度、pH、虾类大小、早期的接触、营养状态、感染和溶解氧浓度等。所以，要给对虾养殖制定一个致死浓度或安全浓度的推荐量，实际上是不可能的。

第三节　池塘中氮的来龙去脉

一种物质是毒品还是补品，其实只是一个量的差别。同样，一种物质，在池塘中是污染物，还是营养素，也只是一个量的区别。例如，有机碳和氨氮，一般被认为是池塘的"污染物"，要想方设法处理掉；但在培水期间和养殖前期，还要作为"营养素"——肥料输入，因为池塘培藻、培菌需要碳和氮作为藻类和微生物的培养基。而随着鱼虾的长大，饲料输入量不断增加，所产生的有机碳和氨氮超过了池塘藻类和微生物的需要，才成为"污染物"。

池塘养殖最大的投入品是饲料，不言而喻，池塘中主要的污染源（有机碳和氨氮）也是来自饲料。在增氧机配置合理的情况下，有机碳可以用氧处理。因此，除大面积粗养水体外，目前池塘养殖承载量主要受氨氮处理能力的限制。要维持池塘生态系统稳定运行，要提高池塘的承载能力，必须了解池塘中氮的来龙去脉。

1. 池塘中氮的来源

（1）池塘底质。池塘底质中的氨氮本质上来源于上一造养殖期间遗留下来的污染，其浓度取决于休耕期间干塘晒塘的处理程度。如果休耕期间池塘淤泥能够彻底干燥，将氨氮全部氧化为硝酸，则回水后，当底泥中的氧气被消耗完毕，硝酸往往被作为电子受体和氢受体而还原为氮气。因此，残余的氮不会太多。

（2）水源。目前大多数水体都遭受到不同程度的氮污染，因此，水源能够带来一定浓度的氨氮。

（3）培水肥料。一般目前用于培水的有机肥料（俗称"肥水膏"）都含有各种氮，包括无机氮（如尿素、硫酸铵、碳酸铵或氯化铵等）和有机氮（如氨基酸、蛋白质等）。这一部分的氮是人为作为肥料输入的，其输入量取决于前面两种来源的数量。也就是说，如果池塘底质和水源中带来的氨氮足以满足前期培水的需要，前期培水的肥料中就可以不考虑含氮。

（4）饲料。饲料是池塘中氨氮的主要来源。养殖中后期由饲料所产生的氨氮往往远远超出池塘生态系统中藻类和微生物的需要，因此是需要处理的氨氮。

培水期、养殖前期氨氮、亚硝酸偏高的情况在池塘养殖中并不少见。问题的来源与池塘底质处理不到位以及使用氮污染严重的水源有关。当然也与施肥不当有关。

养殖中后期氨氮随着饲料投入量的增加而增加。许多养殖户对这个概念并不是很清楚。他们只知道当鱼虾长到什么规格以后就开始出问题，而不知道其根源在于池塘饲料投入量超过了池塘氧的供应能力或氮的处理能力，引起氧债积累或氨氮积累所造成的。

2. 池塘中氮的去处

（1）同化。氨氮的同化包括藻类、微生物或其他植物吸收氨氮、亚硝酸或硝酸等无机氮用于合成肌体蛋白质，进入生态系统的食物链中，最后以鱼虾蛋白质（氮汇）的形式离开水环境。

（2）异化。将氨氮转化为硝酸或进一步还原成氮气（脱氮）离开养殖环境。

（3）转移。排污或换水转移到池塘外。

池塘氮的处理能力决定了池塘的负载能力。

第四节　氨氮的自养同化系统

池塘中构成氨氮的自养同化系统包括藻类、原生动物、浮游动物和滤食性鱼类（图 8-2）。

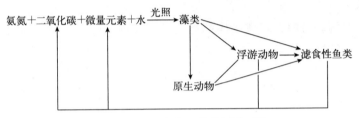

图 8-2　池塘氨氮的自养同化系统

氨氮通过藻类光合作用合成藻类蛋白，再通过生物网，最终以蛋白质的形式存在滤食性鱼类的体内。在这个过程中，能量逐级释放，二氧化碳和微量元素不断周转。

如果没有外源有机物（氮和碳）输入，系统最终的滤食性鱼类的产量取决于池塘水体的无机碳的总浓度和氨氮浓度以及空气中二氧化碳的溶解速度和固氮生物的固氮速度。

对于人工投喂饲料的池塘，整个养殖过程中所能固定的氨氮的数量表现在最终的滤食性鱼类的总产量。而滤食性鱼类的总产量取决于藻类的光合作用效率和池塘生态系统中原生动物、浮游动物以及滤食性鱼类等各种生物之间的平衡度。

因此，影响氨氮的自养同化能力的因素包括：①天然生产力；②藻类生物量；③原生动物生物量；④浮游动物生物量；⑤滤食性鱼类的生物量；⑥以上生物量之间的平衡。

自养氮同化的量表现在由光合作用转化而来的终极生产力最终的产出效率，对于池塘养殖来说，就是由植食性（非饲料摄食）鱼虾所形成的产量。其原始物质和能量来源于光合作用。

根据光合作用第一方程：

$$CO_2 + H_2O \rightarrow CH_2O + O_2$$

可知在给定光照强度和温度的条件下，光合作用的速度与水体中总无机碳（$CO_2 + HCO_3^- + CO_3^{2-}$）浓度和持续供应能力成正比。

根据光合作用化学反应式：

$$16NH_4^+ + 92CO_2 + 92H_2O + 14HCO_3^- + H_2PO_4^- \rightarrow C_{106}H_{264}O_{110}N_{16}P + 106O_2$$

可知氮的同化与光合作用成正比。藻类平均每同化 106 摩尔碳能同化 16 摩尔的氨氮。

因此，通过提高水体总无机碳浓度可以提高光合作用速度，从而达到提高池塘自养氮同化能力。

水体中总无机碳（DIC）的含量为：

$$[DIC] = [CO_2] + [HCO_3^-] + [CO_3^{2-}] = ([TA] - [OH^-] + [H^+])([H^+]^2 + [H^+]k_1 + k_1k_2)/([H^+]k_1 + 2k_1k_2)$$

一般来说，在适应于养殖的水体中，总碱度（TA）要比氢氧根离子和氢离子浓度大两个数量级以上。因此，水体中总无机碳可用总碱度简单表示为：

$$[DIC] = [TA]([H^+]^2 + [H^+]k_1 + k_1k_2)/([H^+]k_1 + 2k_1k_2)$$

也就是说，要提高水体的无机碳浓度，必须也只需提高总碱度。

从上述方程可以看出，当 $[H^+]^2 > k_1k_2$ 时，$[DIC] > [TA]$；当 $[H^+]^2 = k_1k_2$ 时，$[DIC] = [TA]$；当 $[H^+]^2 < k_1k_2$ 时，$[DIC] < [TA]$。

第五节　池塘养殖病害的根源

就当今水产养殖而言，饲料虽然不是最完美，但至少营养上还过得去。因此，养殖动物病害的发生基本上都是病原性（如病毒、细菌、寄生虫等）和环境参数失常（如藻毒素、菌毒素、氨氮、亚硝酸、硫化氢等）导致的。

但是，一直以来，我们对养殖动物病害防治的研究大都是从病原入手，从寻找抑制、杀灭病原微生物的药物方面思考问题，很少从另一个角度去探索——为什么会产生这些病原微生物？我们研究药物只抑制了病原微生物的生长或杀灭了该病原微生物，但并没有解决产生病原微生物的根本问题。以至于解决了一个病原微生物，又来了第二病原微生物。长此以往，最终导致病越多药越多，药越多病越多的局面。

池塘是一个集鱼虾生存、饵料生物生产与养殖污水净化于一体的环境。我们以前注重提高池塘生产力来生产更多天然饲料以满足养殖动物生长的需要。而现在我们可以完全采用全价人工配合饲料取代天然饵料的培养，大多数人总以为天然饵料在投喂人工饲料的池塘中可以忽略。近年来池塘天然生产力几乎完全被忽视。殊不知，天然生产力也是池塘自净能力的具体表现。天然生产力降低意味着池塘自净能力降低。我们一方面提高养殖密度，提高饲料投入以求高产，而另一方面又忽视了天然生产力的净化作用导致池塘承载能力降低。这才是病害发生的本质！

打个比方，当饲料投入量（污染量）大于池塘的承载能力时，污染就积累，于是来了苍蝇，我们就研究苍蝇药物，虽然苍蝇得以控制，但污染没有解决，垃圾还在，于是来了蟑螂，于是我们又研究蟑螂药物，蟑螂也控制了，但垃圾照样还在，于是又来了老鼠，于是我们又忙着研究老鼠药……这是导致病越多药越多，药越多病越多的根源。

解决鱼虾病害的根本在于污染的清除，没了垃圾，自然不用去纠结是用中药还是西药灭害虫了。因此，只有提高池塘的自净能力，才是生态养殖、生产安全水产品的根本。

第六节　氮的处理

对于池塘养殖来说，产量往往与效益有关。而要提高产量，就必须提高池塘的养殖密度和饲料投入量。但是，提高饲料投入量必然带来鱼虾代谢废物的增加，其中最关键的是氨氮的增加。

要提高池塘的饲料承载量（即饲料投入量），前提是提高池塘对氨氮的处理能力。如果没有提高池塘的氮处理能力而直接提高饲料投入量，必然导致池塘水体中氨氮的积累，当氨氮积累到一定程度，就会引起池塘生态系统紊乱、或病原滋生、或甚至直接引起养殖动物氨氮中毒。

因此，想提高产量，必须提高池塘生态系统氨氮的处理能力。所以，池塘水质管理、生态调控必须了解、关注、研究氮的来龙去脉，并尽可能提高对氮的处理能力。

池塘中氮的处理有多种生态系统，不同的养殖模式，起作用的氮处理系统有所不同。虽然换水可以快速转移，但会造成大环境污染。在我国，大环境已经污染，靠换水也已经不行了，所以，养殖人员必须了解、掌握、并且能够操控这些系统。

池塘中氮的处理系统：①同化系统，包括自养（藻类）同化生态系统和异养（细菌）同化生态系统；②异化系统，包括好氧脱氮、厌氧脱氮和硝化系统。

一般来说，低产、中产池塘自养同化生态系统为主，异养同化生态系统为辅；高产池塘自养同化和异养同化都很重要，同时还含有一定的硝化系统；而超高产池塘主要依靠异养同化生态系统和异化（好氧脱氮、厌氧脱氮和硝化）系统。

第九章 提高产量的手段

第一节 提高饲料承载力

池塘养殖追求高产本无可非议，池塘养殖也可以达到相当高的产量水平。当然，高产意味着必须高密度养殖。但是，提高养殖密度的前提，是提高池塘的饲料承载能力。而提高池塘饲料承载能力不外乎下列四种手段：

1. 使用低污染饲料 好的饲料蛋白质同化率高，鱼虾生长快，饲料系数低。意味着氧的需要量少，废蛋白少，氮污染也小。在池塘自净能力不变的情况下，可以承载更多的饲料，从而可以提高养殖密度，达到提高养殖产量的目的。通过优质饲料减少污染是饲料研究的主要内容，也是饲料产业科技进步的体现。许多水产动物能够进行高密度网箱养殖，是以全价饲料研制成功为前提的（摄食冰鲜的除外）。

2. 提高池塘净化力 如果饲料品质相同，通过科学的水质属性调节，藻类和微生物效率最大化，或者通过配套适当的水处理设备，提高池塘的净化能力来提高饲料的承载力，也可以提高相应的养殖密度，从而提高池塘养殖的产量。池塘养殖设施的进步，是提高池塘自净能力的基础。增氧机的使用使池塘养殖摆脱了氧的限制，使池塘的承载能力大幅度提高，是一个最典型的例子。

3. 提高生物利用率 通过合理的多品种搭配，用混养品种将主养动物的残饵、粪便中的营养进行二次利用；将主养动物的有害代谢物通过池塘生产力再生成的天然饵料加以利用，从而降低饲料污染。在提高饲料投入量的同时，增加混养鱼类的产量。如何充分利用不同养殖动物之间的水层差异、习性差异和食性互补，做到最佳拍档，主要是靠经验积累。

4. 转移到池塘外 在水资源丰富的条件下，通过水体交换将污染物转移出池塘。其优点是充分利用资源优势，缺点是池塘生态系统微生物种群随换水量的增加而降低。例如，许多养殖户都有这样的经验，换水率越高，亚硝酸来得越快。这是因为亚硝化细菌的生长繁殖速度比硝化细菌快得多的缘故。大量换水也必然导致水资源衰竭，养殖环境退化等不可持续发展的局面，是一种资源掠夺性养殖。

具体做法有以下四种。

一、清塘、干塘和晒塘

中国池塘养殖有数千年的历史，几千年来前人给我们留下了宝贵的经验。尽管简单，但没有深入研究，也未必能得其精髓。而我们对前人的这些宝贵经验，更多的是误解，甚至是抛弃。

传统池塘养殖的限制因素是溶解氧，老祖宗的这几招，都是提高池塘饲料承载能力非常有效的方法（氧债管理与提高碳汇和氮汇）：清塘、干塘、晒塘、撒石灰、掏泥以及多层次混养。

1. 清塘　清塘是直接清除上一造遗留下来的氧债。清塘清掉的主要是一些尚未分解的大分子有机物（残饵残渣、藻类残体）和活体微生物。主要来自上一造养殖过程人为投入或池塘内部产生的（如光合作用产物）。利用这些物质分解比较缓慢的特点，将它们暂存在池塘底部，待休耕期间排出池塘，以减少新一造养殖过程对氧的消耗。

多数人认为，养殖期间投入的饲料只有20％～30％被同化，转化为鱼虾产量，其他的都变成淤泥。其实不然，饲料所含的物质不仅只是构成鱼虾肌体的物质，饲料还是鱼虾新陈代谢所需要的能量的来源。也就是说，饲料中的大多数有机碳（蛋白质、脂肪和糖类中的碳架）除了转化为鱼虾肌体和少量不能消化、短时间内不能分解的纤维和木质素等半惰性碳外，大部分都被鱼虾呼吸（形成二氧化碳）了。因此，饲料中能形成淤泥的成分主要为不溶解的矿物质和惰性糖类，不同品质的饲料含量当然不同，正常情况下这些物质占饲料组成20％～30％，而不是一般文献上说的70％～80％。

那么，池塘淤泥中的有机物质是哪里来的？来自光合作用产生的藻类细胞壁、微生物细胞壁等难分解有机碳！大家都知道，池塘中的氧气有80％～90％来自光合作用，而光合作用在产生氧气的同时产生糖类，其中只有大约1％转化为碳汇（鱼虾肌体），这一部分作为氧气的贡献几乎可以忽略不计。也就是说，池塘底部淤泥中的有机物质大多数来自光合作用的产物（占光合

作用总产物的 $80\% \sim 90\%$）。

池塘底部需要一定的肥度，以便下一造养殖前期培水。池塘底部淤泥中的腐殖质对微生物活性、氧化还原电位的缓冲都具有重大意义。因此，清塘应根据池塘底部有机物质的多寡，合理保留。目前许多养殖户以为清塘要彻底，把本来就不足的有机物质和肥料彻底清洗干净。等到回水后发现藻类营养不足，再大量施肥——这是一种花钱不讨好的行为，也容易造成藻类营养失衡与水环境污染。

2. 干塘和晒塘 干塘和晒塘是恢复氧库，对上一造养殖期间消耗的氧库进行再补充。池塘底部土壤中的变价元素、腐殖质，是池塘底部"氧"的缓冲系统，在养殖期间接受电子被还原，通过干塘和晒塘彻底氧化，将这些变价元素和腐殖质的电子转移给大气中的氧，恢复底部土壤的氧化还原电位。

例如，养殖期间铁被还原：

$2Fe_2O_3 + CH_2O + 3H_2O \rightarrow 4Fe(OH)_2 + CO_2$

简化为 $Fe^{3+} + e^- \rightarrow Fe^{2+}$

晒塘期间铁被氧化：

$4Fe(OH)_2 + O_2 \rightarrow 2Fe_2O_3 + 4H_2O$

简化为 $Fe^{2+} - e^- \rightarrow Fe^{3+}$

池塘传统处理方法是抽干池塘水体，晒干到裂开，使空气直接进入土壤深处。有些还原性物质与氧接触就可以直接被氧化，这些物质往往有毒（任何直接与氧反应的物质都有可能抑制血球带氧能力，如硫化氢）。

但是，池塘底部能直接被空气中的氧气氧化的物质不多，更多的还原性物质或有机物质需要微生物的介入才能被氧化。因此，如果干燥速度太快，导致微生物因水分不足而不能有效地发挥作用，造成土壤虽然干燥而且干燥时间很长，但有机物质或还原性矿物质并不能有效分解矿化和氧化。

干塘晒塘彻底干燥，把氧气能直接氧化的物质氧化后，如果还有时间，土壤必须补充水分，并保持透气状态，以提高好氧微生物的活性。促进好氧微生物活性最有效的方法是翻耕，让好氧微生物充分与氧气接触。

尽管池塘土壤经干塘晒塘后能得到氧化，但氧化深度是有限的。有些池塘干塘晒塘后需要推塘以加深池塘深度。但推塘往往将氧化好的土壤推掉，露出底部尚未干燥氧化的土壤。因此，推塘后池塘底部必须重新彻底干燥和氧化。

如果推塘后没有时间彻底干燥和氧化，千万不要推塘。否则将导致严重后果。因为 20～30 厘米下的土壤有可能还完全处于还原状态，含有大量有毒有害物质。推塘后没有重新干燥氧化就进水，比不干燥氧化问题还多。

池塘底部土壤氧化后总的矿物氧缓冲能力等于各种变价元素的高价态减去低价态的差值乘以该元素的摩尔浓度的总和乘以 8，单位为：氧克/千克土壤。有研究表明，肥沃的土壤中腐殖质的氧缓冲能力可以高于矿物氧缓冲能力的总和。

池塘底部常见的变价元素包括氮（－3～＋5）、铁（0～＋3）、锰（0～＋4）、硫（－2～＋6）。可通过分析元素的氧化态与总元素的比值了解干燥和氧化效果。例如，可以检测三态氮（氨氮、亚硝氮和硝酸氮），干塘晒塘的氧化程度＝硝酸氮/总氮·100％（总氮＝氨氮＋亚硝氮＋硝酸氮）。

二、撒石灰

传统池塘养殖生石灰在池塘中的使用可分为三种情况：

1. 土壤改良　在休耕期间的池塘底部土壤中撒入适量的生石灰，既达到杀灭病原生物和野杂鱼虾的作用，更关键的是对池塘底部土壤进行改良，以达到中和有机物质厌氧分解产生的氢离子，调节土壤 pH，改善土壤的团粒结构，又能够利用中和休耕期间底部土壤微生物分解有机物质时产生的大量二氧化碳，不仅能够促进有机物质的分解，还能增加土壤的碳酸盐碱度，提高池塘生产力。

如果干塘时在池塘土壤中使用的生石灰剂量太大，有可能导致土壤 pH 太高而影响微生物活性，反而达不到土壤改良的效果。所以，清塘后使用石灰改良土壤最好使用碳酸钙而不是氧化钙。

2. 矫正水质属性　池塘进水后，使用大剂量的生石灰将水体的 pH 提高到 11 左右。大多数人认为大剂量使用生石灰的作用是对水体进行消毒，其实不然，其真正的作用是水质属性矫正，使水体更适合于养殖。诚然，高 pH 对水体具有消毒、清除杂鱼的作用，但用生石灰将水体的 pH 提高到 11，将溶解于水中的二氧化碳全部转化为碳酸，并形成碳酸钙沉淀，碳酸钙的共沉淀作用将水源中其他重金属也一起沉淀。因此生石灰也具有重金属的解毒作用。此时，无论水体中原来的钙离子有多少，无论是缺乏还是过剩，此时只剩下 20 毫克/升左右的游离钙离子（钙硬度为碳酸钙 50 毫克/升，以氢氧化钙的形式存在）。几天之后，水体中的氢氧化钙吸收空气中的二氧化碳，转化为碳酸氢钙，恢复碱度，pH 也回落到正常范围。

3. 调节生产力 在养殖期间，由于钙被生物同化或被底泥交换或被生物沉淀而流失，导致相应的碱度降低。碱度降低意味着水体无机碳减少而降低光合作用效率，池塘初级生产力下降。传统池塘养殖，生石灰可以"改良水质"和"治疗鱼病"的原理在于恢复和提高池塘初级生产力，提高养殖水体的净化能力，从而达到水好鱼虾好的作用，而不是石灰的"消毒"作用。

我们往往只是简单地从表观看到池塘使用生石灰把鱼虾病害"治"好了，就认为生石灰是消毒剂。从此，鱼虾病害防治转向消毒剂研究，并用漂白粉之类的药物替代生石灰，导致水产养殖走上不归路！因为消毒剂促进不能提高初级生产力，甚至还破坏初级生产力。由于消毒剂不是从本质上解决污染积累的问题，一种病原是压住了，但污染还在，必然导致第二种病原生长，如此反复，最终导致养殖系统崩溃，无药可治。

三、摛　泥

传统的池塘养殖基本上可以说都是生态养殖，而且是水陆循环共生系统。最常见的是桑基鱼塘、蔗基鱼塘和菜基鱼塘。这种池塘的淤泥是水生动物、陆生植物交替"轮作"的。摛泥，就是将水生淤泥变成陆生土壤的过程。

所谓摛泥，就是养殖人员平时对池塘底部土壤进行管理的一种手段。选择天气良好的中午和下午，划船到池塘中用竹子编的工具将池塘底部的淤泥捞到船上（图 9-1），再把淤泥泼到堤岸上用来给桑叶、甘蔗或蔬菜施肥。或者采用拉链，直接拖拉底部淤泥，促进营养元素释放到水体。

摛泥的具体作用：

（1）直接把底部的氧债转移出池塘外，减少池塘对氧的消耗，腾出更多的氧用来承载饲料的投入。

（2）在摛泥的过程中，破坏了泥水界面，促进溶解氧向淤泥深处扩散，提高淤泥的氧化还原点位，避免由于淤泥的氧化还原电位不断降低而产生有毒有害的物质。

（3）在摛泥的过程中搅动了淤泥，促使淤泥中的微量元素向水体扩散，

图 9-1　摘　泥

起到泥水营养物质交换的作用，可促进藻类的生长和维持藻类种群的稳定，提高天然生产力。

（4）中午或下午表层溶解氧往往偏高，通过摘泥，消耗过高的溶解氧，促进淤泥中的还原物质释放能量，通过微生物好氧分解的作用使这些本来有害的物质进入腐生生物链，转变为养殖动物产品，变废为宝（还原物质→细菌→原生动物→浮游动物→鱼虾）。

（5）微生物在利用淤泥释放出来的能量生长的同时，利用水体中的氨氮合成菌体蛋白，不仅促进池塘的氨氮净化，还转化为饵料蛋白，提高了蛋白质的二次利用效率。

摘泥是池塘底部淤泥管理、防止池塘底部恶化非常有效的方法，也是池塘水质管理不可或缺的手段之一。因为底不好，水质必然恶化。这就是"养鱼先养水、养水先养泥"的道理。尽管我们目前也一直强调调水的关键是改底，但采用化学氧化的方法改底只能改善底部的氧化还原电位，而很多其他问题并没有解决。

底排污是目前池塘养殖中替代摘泥的另一种方法，虽然简便快捷，也转移了一部分氧债，但摘泥转移出来的淤泥是作为资源（肥料）使用，是一种良性循环，而大部分底排污所转移出来的淤泥却是直接对大环境的污染，进而破坏整个养殖水资源，对于养殖业来说，是一种不负责任的自杀行为！

四、多层次混养

自然界任何一种生物在其生长繁殖过程中都在"破坏"自身的生存环境：

一方面生存资源被消费，另一方面代谢产物在积累。所谓生物链，就是一个物种的生存资源得到前置物种的补充，而代谢物能被后续物种消耗（清理）。对于生态系统而言，一个物种的代谢废物（或物种本身），就是另一个物种的资源。所谓生态，就是各物种相互配合、各负其责、共同完成自然界能量流动和物质循环的整个过程。

对于池塘而言，对饲料产生的氮污染的净化，既有光合生物链，由藻类的利用光能开始：$16NH_4^+ + 92CO_2 + 14HCO_3^- + 92H_2O + H_2PO_4^- \rightarrow C_{106}H_{264}O_{110}N_{16}P + 106O_2$，也有腐生生物链，由微生物利用有机物质开始：$NH_4^+ + 7.08CH_2O + 2.06O_2 \rightarrow C_5H_7O_2N + 3.07CO_2$，然后共同进入原生动物→浮游动物→鱼虾。

这样，藻类、微生物→原生动物→浮游动物→鱼虾共同构成一个池塘净化系统。这个系统的效能越高，可承载的饲料也就越多，养殖密度也就越高，产量也就越高。

要维持池塘净化系统的高效和稳定，必须维持系统各环节之间的平衡和稳定。即一个生态系统中，某一物种的生物量，受可利用资源数量和代谢废物含量的双重制约。如果一个物种由于某些原因大量繁殖，将导致生态系统失衡，甚至崩溃。

因此，如何对藻类、微生物生物量的控制、原生动物生物量的控制以及浮游动物生物量的控制是池塘生态系统稳定和高效的核心。老祖宗在长期的水产养殖活动中，采用鲢控制藻类、微生物（小型菌胶团）和原生动物；采用鳙控制微生物（大型菌胶团，含原生动物）和浮游动物；采用底栖鱼类（如鲤、鲮、鲫等）控制底栖动物，使这些鱼类和光合作用构成一个稳定且高效的净化系统。

最典型的草鱼养殖模式——一草带三鲢。每生产1千克草鱼，可同时生产3千克作为净化系统的混养鱼类。其基本原理是，1 000克饲料蛋白投入池塘中，约有250克饲料蛋白被草鱼同化，另外750克饲料蛋白被分解代谢为120克氨氮。这120克氨氮通过藻类光合作用吸收重新合成藻类蛋白，经过池塘食物链不断周转，最后积累到混养鱼类（鲢、鳙、鲤或鲮和鲫）产品中。1 000克饲料蛋白最终转化为250克草鱼蛋白和750克混养鱼类蛋白。250：750＝1：3，也就是一草带三鲢。

当然，随着饲料配方技术的进步，草鱼对饲料蛋白的利用率不断提高，这个模式也在发生变化。假设草鱼饲料蛋白转化率从25%提高到33.33%，则每千克草鱼饲料蛋白中有 333.33 克被草鱼同化，另外 666.66 克饲料蛋白通过光合作用和生物链积累到混养鱼类的体蛋白中，则养殖模式应该为 333.33∶666.66＝1∶2，即一草带二鲢。

多层次混养具有多种功能（表 9-1）：

（1）提高碳汇，即将草鱼没有利用的饲料有机碳和由光合作用产生的有机碳尽可能多地转化为混养鱼类肌体，从而提高剩余氧的含量，达到提高饲料承载能力。

（2）提高氮汇，即将草鱼的代谢废物——经藻类光合作用再利用，重新合成饵料蛋白，积累在混养鱼类身上，不仅提高养殖总产量，还降低了废氮对水体的污染。

（3）提高营养素的周转速度。如果藻类不被鲢或原生动物消费，水体中的各种微量元素将被固定在藻类体内，水体中的微量元素将逐渐减少直至完全缺乏。微量元素缺乏将导致藻类老化、种群更替，甚至倒藻。鱼类对细菌、藻类、原生动物和浮游动物的消费具有促进各种微量元素释放作用。

通过多层次混养，将主养鱼类的有害的代谢产物作为其他生物的营养素加以利用，变废为宝。同时通过多层次混养，提高了池塘生态系统的稳定性和效率，从而达到提高产量的目的。

表 9-1 已正式报道的对虾综合养殖混养的种类

种　类	中文名	拉丁学名
对虾	中国明对虾	*Fenneropenaeus chinensis*
	日本囊对虾	*Marsupenaeus japonicus*
	墨吉明对虾	*Fenneropenaeus merguiensis*
	长毛明对虾	*Fenneropenaeus penicillatus*
	斑节对虾	*Penaeus monodon*
	凡纳滨对虾	*Litopenaeus vannamei*
	短沟对虾	*Penaeus semisulcatus*
	刀额新对虾	*Metapenaeus eusis*
	周氏新对虾	*Metapenaeus joyneri*

（续）

种　类	中文名	拉丁学名
鱼类	梭鱼	*Liza haematocheila*
	鲻	*Mugil cephalus*
	遮目鱼	*Chanos chanos*
	真鲷	*Pagrosomus majar*
	黑鲷	*Sparus macrocephalus*
	鲈	*Perca fluviatilus*
	石斑鱼	*Epinephelus* spp.
	河豚	*Tetraodon fluviatilus*
	牙鲆	*Paralichthys olivaceus*
	大弹涂鱼	*Boleophthalmus pectinirostris*
	罗非鱼	*Oreochromis* spp.
	中华乌塘鳢	*Bostrichthys sinsis* Lacepede
贝类	牡蛎	*Crassostrea* spp.
	贻贝	*Matilus edulis*
	栉孔扇贝	*Chlamys farreri*
	虾夷扇贝	*Patinopecten yesoenesis*
	海湾扇贝	*Argopecten irradians*
	缢蛏	*Sinonovacula constricta*
	泥蚶	*Tegillarca granosa*
	毛蚶	*Scapharca subcrenata*
	魁蚶	*Seapharca broughonii*
	菲律宾蛤仔	*Ruditapes philippinarum*
	文蛤	*Meretrixmeretrix*
	皱纹盘鲍	*Haliatis discus*
蟹类	三疣梭子蟹	*Portunus trituberculatus*
	锯缘青蟹	*Scylla serrata*
藻类	石莼	*Ulva lactuca*
	石花菜	*Gelidium amansii* Lamx
	鼠尾藻	*Sargassum thumbergii* O' Kuntze
	江蓠	*Gracilaria verrucosa* Papenfuss
棘皮类	刺参	*Stichopus aponicus* Selenka

第二节　套养与轮捕轮放

如果把鱼的日生长率比喻成钱存在银行的日利率，那么，池塘养殖有点像拿钱存银行，我们得到的是每天的利息——鱼每天的生长量。很明显，利息等于本金乘以利率，本金越大，每天产生的利息就越多。同样，池塘养殖日生长量等于存塘量乘以日生长率，存塘量越大，日生长量也就越高。而池塘的产量等于日生长量的总和，因此，存塘量越大，产量也越高。

传统池塘养殖往往进行套养，即同一品种，同时放养多种规格鱼种，以提高池塘的存塘量。通过轮捕轮放，保持池塘中有较大的存塘量以获得更高的总产量。

对于某些品种如鲢和鳙，前期投放大规格鱼种不仅可以提高池塘养殖效率，更重要的是可以控制养殖前期的浮游植物、浮游动物的生物量平衡，避免前期培水导致藻类过度生长而引起溶解氧、pH过高，甚至引起藻类老化而产生藻毒素；或避免由于浮游动物过度繁殖而引起"虫害"，因藻类被过度生长的浮游动物过度觅食而反水（水体中藻类消失），造成光合作用中断、池塘缺氧而瘫痪。

不少养殖户反映中后期池塘水质难以控制，容易出问题，很明显问题出在中后期，由于饲料投入量大于池塘能够承载的能力而出问题。大多数专家总是建议控制饲料投入量或一开始就降低养殖密度，以减少饲料投入量。其实，这些方法都会导致养殖产量降低而令养殖户难以接受。但是，如果建议采用不同规格套养，实行轮捕轮放，虽然操作起来比较麻烦，但产量是可以提高的。对于养殖后期水质难以控制的池塘，采用出售部分鱼虾以降低池塘存塘量，维持饲料投入量，即可以避免由于饲料过多而导致池塘系统崩溃或饲料不足而导致养殖动物生长不良或降低饲料效率。

第三节　提高对虾产量的养殖模式

一、高位池养殖模式

高位池养殖（图9-2）是以动力提水的方式进行养殖。因此，高位池养殖场池底要求位于高潮位以上，虾池任何时候都能排干水。高位池与传统的对虾养殖池相比，主要是池塘结构、进排水系统有所不同。虾池一般 0.20～0.67 公顷，池深 2.5～3.5 米、养殖水深 1.8～3.0 米，池底高于海水高潮线 4～8 米（图 9 - 2）。进水系统由进水管道、抽水机、蓄水井、进水渠组成。用抽水机先把海水提到蓄水井中，再通过进水渠注入虾池。一般设有滤水装置，多采用沙滤池或沙滤井，此外，在进水渠上的虾池进水口安装 60 目[①]过滤网。沙滤池和沙滤井对自然海水的过滤效果明显，可滤除 90% 浮游生物，有效去除水中的悬浮颗粒及有机碎屑，并且明显减少白斑综合征杆状病毒（WSSV）等病毒病的水平传播，对预防病害的发生

图 9 - 2　高位池养殖模式

起了相当大的作用。排水系统由虾池排水口、埋于地下的排水管道及排水渠组成，排水管埋在低于虾池底的位置，使池水在不需动力的条件下能够自然排出，有利于清淤、消毒和晒池，彻底改变了传统沿海滩涂的对虾养殖池底位置较低、排水不彻底状态。虾池排水口通常设于池塘中心，构成中央排污系统。一般根据虾池大小安装增氧机，进行对虾高密度养殖，以 10 亩池塘为例（单产 600 千克/亩），配置功率为 0.75 千瓦的水车式增氧机 6 台，功率为 1.5 千瓦射流式增氧机 2 台。

　　根据构造材料，高位池可分为四种：土池高位池，整个虾池由泥土构成，一般远离海边，通过较长的输水管道引水；护坡高位池，建在海边沙滩上，以水泥或地膜护坡；地膜高位池，即在虾池底和堤坡均铺塑料胶膜，并在池堤上压固，整个虾池是一块完整不漏水的塑料胶膜，在池底设多个水泥构造的增氧机座，增氧机座与塑胶膜黏合，防渗漏。此外，地膜可以完全隔绝周围环境对虾池的不良影响，如底质污染和野生蟹类对 WSSV 的传播等，有效控制了对虾 WSSV 病的暴发流行；水泥高位池，一般用砖石混凝土构成，建于地面之上，底铺塑胶膜，然后再覆盖 30～40 厘米的细沙。

---

　　① 筛网有多种形式、多种材料和多种形状的网眼。网目是正方形网眼筛网规格的度量，一般是每 2.54 厘米中有多少个网眼，名称有目（英国）、号（美国）等，且各国标准也不一为非法定计量单位，孔径大小与网材有关，不同材料的筛网，相同目数网眼孔径大小有差别。

二、围塘塑料大棚养殖模式

利用围塘塑料大棚进行对虾养殖，主要是通过大棚保温技术，改变传统养殖周期和上市季节，获得较高利润。该模式由养殖池、日光温室大棚和压缩充气管道 3 部分组成。池塘面积 0.2～0.4 公顷，长宽比为 2∶1，池深 1.8～2.5 米，有完善的进排水系统。大棚架体多用毛竹搭架，顶棚用 0.2 毫米的透明尼龙膜覆盖，内层用 0.05 毫米的尼龙膜覆盖，外层顶高度为 2.5 米，内层顶高度为 1 米。中间留出走道，便于投饵、操作和观察。大棚双层薄膜结构可有效缓冲水温的昼夜变化，有明显的保温作用，养殖周期中棚内水温平均高出棚外 4 ℃左右，最大温差达 6.5 ℃。利用大棚的保温效应，海南、浙江和广东等省份 1 年可进行 2～3 茬对虾养殖，每亩养殖池塘年单产可达 2～3 吨。此外，北方的温室大棚养虾多结合小型锅炉加热或地区性地热优势。

三、分级池塘养殖模式

分级池塘养殖模式通常为三级高位池，是南方气温较高的地区适应一年多茬养殖所兴起的养虾方式。养殖池塘分成一级池（0.05～0.10 公顷）、二级池（0.15～0.20 公顷）和三级池（0.35～0.40 公顷）3 个不同面积的集约化养殖模块（图 9-3）。每级池之间各有 1.2 米的落差，有利于对虾的移池。养殖方式上，当虾苗生长至 4～6 厘米（养殖 25 天左右）由一级池排放到二级池，对虾体长到 8～9 厘米（养殖 35 天左右）之后，再次排放到三级池，最终在三级池里养成商品虾。

三级高位池养殖模式的每个分级池只养殖对虾 1 个月左右，因此可以连续放苗，而且一级池面积较小，有

图 9-3　分级池塘养殖模式

利于搭棚保温，为反季节对虾养成上市奠定了良好的基础。此外，将池塘切割为适宜对虾养殖的面积，一定程度上提高了对虾对投喂饲料的利用率，经

济效益较高。但是，该模式在分级排放对虾的过程中，对虾体有一定程度的应激刺激，不利于对虾病害防治。

四、卤水兑淡水土池养殖模式

卤水兑淡水土池养殖模式是天津汉沽区特殊条件下的特殊养殖模式，其养殖区远离自然海水（一般 10 千米以上），用盐场高盐度卤水（50～60）兑地下淡水配成低盐水（15～25）作为养虾用水，用无病原的卤淡水养虾，提高了养殖成功率。每年养殖之前，进行机械清淤，清淤深度达 20～30 厘米，在降低养殖池塘底质污染的同时，加大了养殖池塘的深度，目前为 3.5～4.2 米，养殖水深在养殖后期可达 4 米，深水养虾为该模式的一大特色。此外，养殖前期的虾苗超高密度暂养和分苗、对虾养殖过程中投喂鲜活卤虫、1 天中 5～6 次的投饵频率和养殖后期的高强度机械增氧均为卤水兑淡水土池养殖模式的特色。

天津汉沽区的卤水兑淡水土池养殖模式在水源上隔绝了带病原的天然海水，在饲喂中利用促生长鲜活饵料卤虫提高了对虾生长速度，提高了对虾养殖单位产量和养殖成功率。

五、分区养殖模式

1. 原理 近年来大江南北在流行一种新型养殖模式——推水养殖。该模式是从美国引进的，原名为"分区养殖"。由于整个养殖过程都需要动力将水推进养殖区，故名推水养殖。

分区养殖，顾名思义，就是在传统的池塘里分出"养殖区"和"净化区"，基本结构如图 9-4、图 9-5 所示。

养殖区的主要结构由槽式养殖池、推水装置和集污排污装置所构成。

分区养殖的基本原理就是将投喂饲料的鱼类圈养于小范围的区域中（占总水面积的 2%～5%），通过控制鱼类粪便并及时清理，减少污染；同时将水体 95%～98% 的面积转化为水质净化区域，并通过科学管理提高污染处理能力，从而提高整体水域的饲料承载能力，达到提高产量的目的。

实践表明，采用分区养殖模式，产量可以大幅度提高，并达到减少污染、节水减排和减少病害的发生。

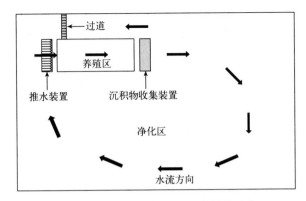

图 9-4　分区养殖模式的基本结构示意

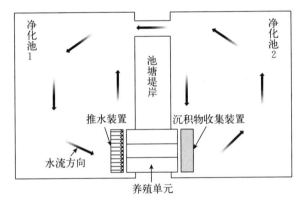

图 9-5　分区养殖模式的基本结构示意

分区养殖模式的主要优势在于：

（1）改变养殖环境降低病害发生。由于养殖鱼类被限制在小范围内，水质尤其是溶解氧便于控制，可减少水质昼夜变化对鱼类造成的直接影响，提高饲料利用率，即达到提高生长速度，降低饲料污染，减少环境变化带来的应激从而提高鱼类的健康水平，减少病害发生。

（2）减少养殖过程污染。集中圈养、集中投喂，便于残饵、粪便等池塘养殖主要污染物的直接收集与转移，减少污染。

（3）便于管理、降低能耗。局部水质控制如溶解氧控制能耗大幅度降低；便于观察与管理，如疾病预防、治疗；降低投喂、捕捞等工作量和人工成本。

（4）便于综合利用。由于不同鱼类分开养殖，可避免主养品种与控水养殖品种相容性问题，净化区可更加合理地搭配养殖品种，有利于经济效益的提高。

（5）提高水质控制效率。分区养殖可从三个方面降低污染，首先是残饵粪便可大部分直接收集转移；其次是养殖区优质水质环境提高饲料利用率，降低饲料污染；最后是净化区天然生产力的提高。

2. 结构 水槽是分区养殖模式的主体设施部分，常见的材质有水泥结构，也有钢架结构辅以玻璃钢或不锈钢片。最简易的有木桩辅以帆布甚至防水油毡，只要能隔水，都可以用来做水槽（图9-6、图9-7）。

图9-6 建设中的水槽

（丁建华，2014）

　　（a）　　　　　　　　　（b）　　　　　　　　　（c）

图9-7 不同材质的隔水材料

（a）水泥池　（b）帆布池　（c）防水油毡

可谓五花八门，"丰俭由人"。一般单个水槽的长20～25米，宽4～5米，深1.5～2.0米，体积120～150米³。根据池塘面积大小设置相应个数的水槽。当然，因地制宜，根据具体养殖品种、池塘大小等，没有完全一致的模式。

大家关心的一个很普遍问题是"产量"，这取决于具体池塘的生产力、养殖水槽占总池塘面积的比例以及集污排污效率和分区后池塘初级生产力的提高情况。按有关报道，养殖水槽的载鱼量国内一般在 $60\sim100$ 千克/米³，国外报道的叉尾鮰可高达 500 千克/米³。

目前许多报道的产量大多只给出水槽的产量，很少给出按整个水体计算的平均产量，这是一种严重的误导。例如，池塘原来产量 1500 千克/亩，集中养殖在 2.5% 的范围内，以水槽面积计算，则亩产最基础的起点是 1500/2.5%=60000 千克/亩。以水深 1.5 米计算，即产量为 60 千克/米³。如果产量不高于这个基数，那使用这种模式是失败的，因为平均产量根本没提高。

3. 推水装置 分区养殖的主要设备——推水动力，目前国内主要采用气提系统，由空气压缩机、微孔气管（也称纳米管）和导流板组成（图 9-8）。

(a)　　　　　　　　(b)　　　　　　　　(c)

(d)　　　　　　　　(e)

图 9-8　推水养殖装置的基本组件

(a)、(b) 空气压缩机　(c) 微孔管　(d)、(e) 导流板推水装置具有增氧和推水双重作用。因此，在系统设计时，水槽的大小、结构和空气压缩机的功率大小要结合起来考虑。一般来说，在空气压缩机固定的情况下，水槽体积越大，水槽内水体交换速度就越小；水槽的宽度与深度的截面积越大，水流速度也越小。

水流速度要考虑的因素包括氧的供应、代谢物，尤其是氨氮的去除、养殖动物对水流速度的适应性以及残饵粪便的沉淀收集等因素。

（1）溶解氧与流速。水槽内总耗氧量主要来自养殖动物的直接消耗。也可以说是来自饲料的投入，可按饲料投入量来估算。假设粪便残饵等在水槽中所消耗的溶解氧忽略不计，根据相关经验，鱼类摄食 1 千克饲料需要消耗 400 克氧。如果不考虑水槽中额外增氧，并允许进水口与出水口溶解氧相差 1 克/米^3，则一个投饵量为 150 千克/天的水槽每分钟的供水量必须达到 $150\times400/24/60=41.67$ 米^3。如果水槽宽度为 4 米，深度为 1.5 米，则平均流速要达到 11.57 厘米/秒。

（2）氨氮浓度与流速。假设饲料蛋白含量为 32%，利用率为 40%，无效氮溶解率为 80%，进水口与出水口氨氮浓度差为 0.1 克/米^3。则投饵量为 150 千克/天的水槽每分钟的供水量必须达到 $150\times32\%\times60\%\times80\%\times1\,000\times16\%/0.1/24/60=25.6$ 米^3。在上述同等条件下，则平均流速要达到 7.11 厘米/秒。

（3）鱼类生理与流速。有人提出鱼类的最大巡航速度（即基本不消耗能量情况下的游泳速度，水流大于这个速度鱼类就要消耗能量）经验公式为 $V_{cr}=0.15+2.4L$。L 为鱼类的体长（米），V_{cr} 的单位为米/秒。假设鱼的体长为 0.1 米，则最大巡航速度为 $0.15+2.4\times0.1=0.39$ 米/秒。当然，不同鱼类的最大巡航速度不同，要根据具体养殖动物的实验数据去设计。

（4）残饵、粪便收集与流速。流速过快，则残饵、粪便难于沉淀收集，流速太慢，则残饵粪便容易积累在水槽中。沉降速度可用 Stokes' 公式计算：

$$V_s=g\,(P_p-P_w)d_p^2/(18u)$$

其中：V_s 为沉降速度，米/秒；g 为重力加速度，米/秒^2；P_p 为悬浮颗粒密度，千克/米^3；P_w 为水的密度，千克/米^3；d_p 为悬浮颗粒物直径，米；u 为黏度系数，帕·秒。

此外，粪便的形状与饲料配方又有相关性。粪便成型则容易沉淀，需要相对高的流速，而不成型、散状粪便如果流速过高则无法沉淀收集。

因此，水槽的流速控制关系到方方面面，与养殖效果关系密切。所以，不同养殖品种、同一品种不同规格以及不同饲料品质，对水流速度都有相应的要求，不可简单地复制。据报道，国外的经验是 3～5 厘米/秒，但没有报道具体鱼类的品种。所以，分区养殖水槽的水流速度还需要更多的实践和更深入的探讨。

推水装置的一般结构如图 9-9 所示。

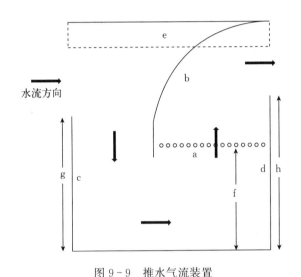

图 9-9　推水气流装置

a. 纳米增氧管　b. 导流板　c. 进水挡板　d. 回流挡板

e. 浮桶　f. 气管离底的距离　g. 进水挡板高度　h. 回流挡板高度

纳米增氧管深度。在整个推水装置深度确定的条件下，f 的高度越小，则微孔纳米管离水面的深度就越大，水体的压力越高，对空气压缩机的出气压力要求也高，在气体压力不变的情况下，出气量变小；但推水能力较强，水体与气泡的气体交换也更充分。但如果 f 太小，底部空间不够，反过来阻力大，提水能力降低。因此，在给定水体深度、压缩机出气压力的情况下，f 有一个最佳值，使得推水能力最高。

进水挡板高度。由于池塘水体不同深度的水质不同，尤其是温度梯度，进水挡板 g 的高度决定了进水水层的深度，也决定了进水的水质。如果 g 太小或没有进水挡板，则所进的水都是底层质量最差的、溶解氧最低的水。如果 g 太高，只取表层很浅的水体，夏天晴朗的白天可能造成水温过高或溶解氧严重过饱和。因此，g 的高度如果做成活动的，根据气候条件和水质状况灵活调节，以保证所取的水质处于最佳状态，则对养殖效果比较有利。

回流挡板高度。回流挡板 h 的高度如果低于纳米增氧管的高度，则会形成较大的回流而损失动力。如果 h 的高度过高，则出水口变小，水流速度加快而形成表层层流，导致水槽内部上下水体流速不均匀，并在水槽前端形成较大的死角。也必然造成一个沉积大量残饵、粪便的区域（图 9-10）。

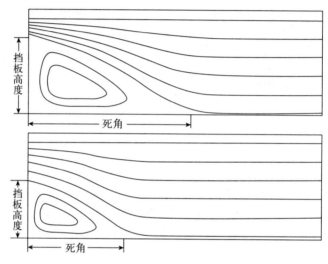

图 9-10　挡板高度与水槽死角的关系示意

图 9-10 中，上图回流挡板高，出水流速快，水槽底部死角大；下图回流挡板低，水流速度慢，水槽死角小。

如果加以改进，在水槽前端设置缓冲区并安装导流板，可以解决水槽前端死角的问题（图 9-11）。

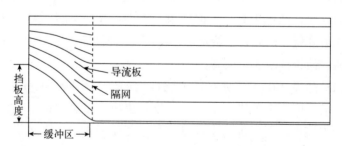

图 9-11　加装导流板与缓冲区改善水流状况，避免死角示意

4. 优势所在　分区养殖是一种高效、高产养殖模式，但高效、高产是有条件的。水产工作人员需要明白，不是把池塘分区就能提高产量、提高效益的。提高产量的前提是提高整个系统的污染承载能力或饲料承载能力。因此，只有深刻理解和掌握分区养殖模式的基本原理，才能发挥分区养殖模式的优势，去实现高效、高产。

万变不离其宗。无论什么样养殖模式，如工厂化养殖、常规池塘养殖、网箱养殖还是"分区养殖"，其基本原理是不变的。高效，包括以设备替代人工，机械化、自动化、智能化。但这些设施的投入需要以经济效益为支撑。而效益来自品质（优质优价）以及产量的提高。所以，产品品质的控制与提升、产量的提升是分区养殖成功的基础。

无论是通过减少病害，少用药甚至不用药以提升品质，减少损失，达到高效；还是通过提高水体质量，增强体质和提高饲料蛋白转化率，提高饲料效率而降低成本，达到高效；或通过提高产量去提高生产效益，前提都是以提高系统净化能力为前提的。

分区养殖可以从两个方面提高养殖系统的承载能力：一方面是降低污染，包括通过提高溶解氧、提高水质质量进而提高饲料的消化吸收率和同化率，以及通过高效清除粪便、残饵直接降低污染；另一方面也是最根本、最重要的，即通过净化区生态系统优化，合理品种搭配和水体的科学管理，提高净化区的污染处理能力。

净化区的生态系统本质上是光合生态系统，因此，提高净化区污染处理能力本质上就是将净化区变成一个高效光合生态系统。具体措施前面已经详细论述过，包括提高总碱度、强化水体流转、定期泥水交换（底部搅动）、合理搭配二级生产力生物量和轮捕轮放，控制初级生产力与二级生产力生物量之间的平衡。

通过科学、合理、精细的生态管理，可以大幅度提高池塘的初级生产力，至于能提高多少，取决于该池塘的水质属性、当地气候条件和原来的管理水平。不能简单地看人家养多少，直接机械死板地复制。以美国报道的分区养殖模式为例，通过模式改良，初级生产力比原来提高了3倍，因此，产量也提高了3倍以上。

分区养殖水槽载鱼能力的粗略估算方法（千克/米³）：

$$y = a \times e / [666.67 \times b \times (1-c) \times (1-d)]$$

其中，a 为原池塘亩产量（千克/亩）；b 为水槽面积与总池塘面积比；c 为饲料利用率提高后污染率降低百分数；d 为残饵、粪便清除后污染率降再低的百分数；e 为净化区污染净化能力提高百分数；666.67 为亩换算为平方米的面积变换系数。

例如，有这么一个池塘，原来的产量是 a＝1000 千克/亩，现在用 b＝3％的水面搞分区养殖，饲料利用率提高后污染率降低 c＝10％；粪便、残饵清除后污染率再降低 d＝20％；净化区污染净化能力为原来的 1.5 倍，则水槽里的载鱼能力为：y＝1000×1.5/[666.67×3％×(1－10％)×(1－20％)]＝104.2（千克/米³）。平均亩产量为 104.2×666.67×3％＝2083（千克/亩）。提高 2083/1 000－1＝1.08 倍。

第四节　池塘养殖与工厂化养殖

2017 年水产养殖业的主要话题应该是工厂化养殖。与之相对应的是常规池塘养殖。我们常说工厂化养殖可控、高产、高效，都是相对于池塘养殖而言的。

在大多数人眼里，池塘养殖和工厂化养殖是相互孤立甚至是对立的，而实际上，池塘养殖与工厂化养殖本质上是"设施程度上的差异"，也就是说，当池塘养殖的设施增加到一定程度，就成了"工厂化"养殖了。

无论池塘养殖还是工厂化养殖，其本质是一样的，就是效益。如果没效益，任何高端、大气、上档次的养殖模式，都是徒劳的。

诚然，工厂化养殖可控程度高。但是，"可控"是要付出代价的。也就是说，工厂化养殖的成本是比较高的。其成本主要来自厂房、设备投资和水处理。其中最大的成本是水处理。同时，池塘养殖与工厂化养殖最大的区别也是"水处理"。

池塘养殖主要是靠藻类的光合作用，不仅免费，甚至还能变废为宝，将鱼虾代谢废物再生为天然饲料。这是池塘养殖成本低的重要原因，但光合作用净化能力有限，限制了池塘养殖产量的进一步提高。而工厂化养殖主要是靠微生物，主要是细菌，虽然生物絮团养殖也可以将少量废物通过补充碳源再转化为饲料蛋白，但也是耗能的，并且只有特定养殖动物才能实现（如对虾、罗非鱼等）。微生物处理废水能力强，这是工厂化养殖能实现高产的基础，但废水处理是要成本的，这是工厂化养殖成本高的重要原因。

工厂化养殖的水处理有两种基本模式：悬浮微生物（生物絮团）原位处理和固定微生物（生物膜、生物床）异位处理。

传统水产教科书主要介绍藻类的管理，或者说，对于藻类，我们或许还懂一点：如通过显微镜，可了解藻类的组成；通过透明度板，可了解藻类的密度；通过施肥，可建立藻类生态；通过调节碱度，可左右藻类的光合作用效率，等等。但是，对于工厂化养殖系统中的微生物，我们可以说一无所知！我们只知道"生物絮团"，但我们不知道组成它们的细菌是什么，更不知道如何干预它们的功能；我们只知道"生物膜"，但我们不知道每立方米的生化池里有多少生物量，更不知道它们的净化能力是多少！

在池塘养殖中，藻类管理不好，只能通过换水去进行"水处理"，很多高产池塘最后往往变成"流水养殖"。同样，许多工厂化养殖系统，无论是固定微生物（生物膜）或悬浮微生物（生物絮团），养到中后期由于净化能力不足而不得不大量换水，最终沦为"室内流水养殖"。

遗憾的是，我们今天大谈工厂化养殖，大肆宣扬工厂化养殖如何高产可控，但都没有谈到本质的问题，即微生物的管理与调控；其次，任何一套设备，都有一个标准产能，唯独工厂化养殖成套设备，没有标准化产能指标。（如饲料设备，在给定配方、给定模具孔径，就能给出每小时制粒多少吨。但似乎工厂化养殖成套设备还没有提供这些产能标准）。

工厂化（彩图18），或者说池塘高度设施化是水产养殖的必然趋势。而我们面对的、主宰水质维持或水质处理的主要功能生物及其系统也在发生变化，"池塘养殖靠藻类，工厂化养殖靠细菌"，或者说"低产养藻，高产养菌"，是工厂化养殖水质管理和池塘养殖水质管理的最大区别。伴随着工厂化养殖的推广与普及，"微生物生态调控"，也必将是未来几年水产养殖的一个重要话题。要能驾驭工厂化养殖系统，实现可控、高产、安全、高效，必须搞懂什么是微生物！否则，再好的养殖模式也是徒劳。

第十章 限制池塘产量的因素

第一节 再谈水产养殖的本质

且不说想把一件事情做到极致，就是想把一件事情做好，做到相对完美，至少得了解这件事情的本质、基本道理和关键。那么，池塘养殖的本质、基本道理和关键是什么呢？

首先，池塘养殖是一种经济活动，而经济活动的目的就是经济效益。说白一点，池塘养殖是为了赚钱。因此，只要是能使效益最大化的方式，就是最好的养殖方式。用通俗的话来讲，就是怎么赚钱就怎么养，不必要刻意去遵从某种模式或某个规程。

其次，养殖为什么能赚钱？靠什么赚钱？

养殖之所以能赚钱，是买进廉价蛋白，加工成优质蛋白出售，从中获取差价。例如对虾养殖，假设对虾饲料蛋白含量40%、8 000元/吨；对虾蛋白含量18%（活体）、36元/千克。我们买进的饲料蛋白价格是 ［8 000元/（1 000千克×40%）］＝20元/千克；我们卖出的对虾蛋白价格是 ［36元/千克/18%］＝200元/千克。假设上述饲料系数是1.2，那对虾对饲料蛋白的转化率为 ［18%/（1.2×40%）］＝37.5%。对虾饲料蛋白成本为（20元/千克/37.5%）＝53.33元/千克。也就是说，我们用了53.33元的饲料蛋白生产了1千克对虾蛋白，卖了200元。也就是说，养殖是通过蛋白转化来赚钱的。

同时，对虾将饲料蛋白转化为肌体时需要能量，这些能量来自饲料中的有机碳的氧化，我们还得为投入的饲料提供配套的氧气。根据上述例子，对虾饲料蛋白中只有37.5%转化为对虾蛋白，还有62.5%的饲料蛋白是被转化为氨氮的。很明显，氨氮是需要处理的，才能维持养殖环境的稳定。所以，水质管理的本质就是提供氧气和氨氮处理。

池塘养殖的本质是蛋白转化。而进行蛋白转化必须满足四个基本条件：蛋白转化器——鱼虾苗；蛋白和能量原料——饲料；能源氧化剂——氧气，以及未转化的废物——氨氮的处理。因此，池塘养殖可以描述为：以蛋白转化器（鱼虾苗）为工具，以饲料为能量和蛋白原料，配套溶解氧，将低廉的饲料蛋白转化为高档的鱼虾蛋白，并处理掉饲料中未转化成鱼虾的废物（氮）。

第二节　限制池塘产量的因素

前面说过，池塘养殖是以蛋白转化器（鱼虾苗）为工具，以饲料为能量和蛋白原料，配套溶解氧，将低廉的饲料蛋白转化为高档的鱼虾蛋白，并处理掉饲料中未转化成鱼虾的废物（氮）。因此，我们可以很明显地看出限制池塘产量的四大因素：

第一限制因素：种苗

无论是一个池塘还是一个水库或什么水生生态系统，没有种苗自然也就没有产量。因此，适当投放种苗可以提高产量。当然，产量不是随着种苗投入量的增加而直线增加的。当种苗的数量与池塘水体的天然生产力相适应时，产量最高。因此，种苗人工繁殖成功是一个品种能成为一个产量稳定的产业的前提。不过，当种苗的数量超过天然生产力时，再增加种苗是不可能提高产量的，因为矛盾已经转化了，限制因素是饵料来源。

第二限制因素：饲料

当种苗不成为限制因素后，为种苗提供饲料可以进一步提高产量。因此，在池塘的剩余氧量的范围内，产量随着饲料投入量的增加而增加。所以，只有饲料的研究成功与普及使用，才能使一个养殖品种得以产业化。但是，一旦饲料投入量超过池塘的剩余氧量，不仅不能提高产量，还随时都有可能因为缺氧而全军覆没。当饲料不成为限制因素时，矛盾又转化了，限制因素是为饲料提供氧气。

第三限制因素：溶解氧

增氧机的发明使饲料的投入量可以大幅度增加，因此，随着增氧能力的提高，产量也可以不断提高。当然，也不是说只要一直提高增氧能力，就能无限制地提高产量。因为饲料除了需要溶解氧外，还产生氨氮。当饲料产生的氨氮超过池塘的处理能力时，再增加饲料，溶解氧的投入也无法提高产量。

第四限制因素：氨氮处理

池塘养殖的本质是蛋白转化，但饲料蛋白的转化率是有限的，还有相当一部分的饲料蛋白会被转化为氨氮。对于池塘精养来说，氮处理是池塘养殖的关键限制因素。

以上四个限制因素是有严格顺序的，前一个问题没解决，后面的问题就不存在了。例如，池塘没放种苗，就不必考虑饲料等问题了。同样，只放种苗，没投饲料，当然也不必去考虑增氧和氮处理。或者，只放了种苗、投了饲料，如果氧还没满足需要，去考虑氨氮也没有必要。

第三节　天然生产力

1. 初级生产力（primary productivity）　指绿色植物利用太阳光进行光合作用，即太阳光＋无机物质＋H_2O＋CO_2→热量＋O_2＋有机物质，把无机碳（CO_2）固定、转化为有机碳（如葡萄糖、淀粉等）这一过程的能力。一般以每天、每平方米有机碳的含量（克数）表示。初级生产力又可分为总初级生产力和净初级生产力。

（1）总初级生产力（gross primary productivity，GPP）是指单位时间内生物（主要是绿色植物）通过光合作用途径所固定的有机碳量，又称总第一性生产力，GPP决定了进入生态系统的初始物质和能量。

（2）净初级生产力（net primary productivity，NPP）则表示植物所固定的有机碳中扣除本身呼吸消耗的部分，这一部分用于植物的生长和生殖（有时也用于储存或分泌），也称净第一性生产力。

两者的关系：　　　　　　　　NPP＝GPP－Ra

式中，Ra为自养生物本身呼吸所消耗的同化产物。

影响初级生产力的主要因素有太阳辐射强度（包括光照强度和温度）以及总无机碳浓度。对于一口具体池塘而言，太阳辐射强度由地理位置所决定，属于地理属性，虽然可以人为调节（如灯光强化光照、温棚保温、加热或制冷控制温度），但成本代价非一般生产性养殖所能承受。

2. 次级生产力（secondary productivity）　消费者（包括原生动物、浮游动物、鱼虾）将食物中的化学能转化为自身组织中的化学能的过程称为次级生产过程。在此过程中，消费者转化能量合成有机物质的能力即为次级生产力。

次级生产是除生产者外的其他有机体的生产，即消费者和分解者利用初级生产量进行同化作用，表现为动物和其他异养生物生长、繁殖和营养物质的贮存。动物和其他异养生物靠消耗植物的初级生产量制造的有机物质或固定的能量，称为次级生产量或第二性生产量，其生产或固定率称次级（第二性）生产力。动物的次级生产量可由公式表示：

$$P = C - FU - R$$

式中，P 为次级生产量，C 代表动物从外界摄取的能量，FU 代表以粪、尿形式损失的能量，R 代表呼吸过程中损失的能量。

3. 终极生产力（Ultimate productivity）　对于池塘天然生产力而言，终极生产力是指由初级生产力转化而来的单位面积的终极水产品的生产能力。即单位水体面积在单位时间内的产量。

池塘中各级生产力之间的关系如图 10 - 1 所示。假设初级生产力到二级生产力的转化率为 5%，其余各级生产力的转化率为 10%，那么，如果初级生产力为 20 000，其中只有 1 000 可转化为二级生产力，到了三级生产力只剩下 100，到四级生产力只有 10，到五级生产力剩下 1。因此，我们可以很清楚地看出：①食物链越长，产量越低（如图 10 - 1 中食物链 1），食物链越短，产量越高（如图 10 - 1 中食物链 3）；②生产力的级别越高，产量越低。

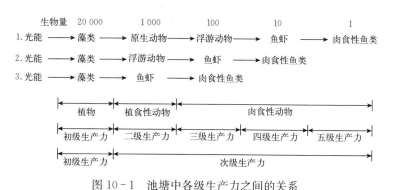

图 10 - 1　池塘中各级生产力之间的关系

除构成初级生产力是生产者外，构成其余生产力的都是消费者。二级生产力为植食性动物，三级以上的生产力都是肉食性动物。

很难给一种动物具体归类于哪一级生产力，这要根据该动物在所处的生态系统的结构和位置。当鳜处于食物链 1 时，它是第五级生产力，而当鳜处于食物链 3 时，它是三级生产力。

而杂食性动物更为复杂，例如，当池塘里的罗非鱼摄食藻类时，它是二级生产力；当罗非鱼摄食原生动物时，它是三级生产力；当罗非鱼摄食浮游动物时，它是四级生产力；甚至当罗非鱼摄食处于四级生产力的小鱼时，它是五级生产力。

有时一种动物在不同生长阶段，其生产力级别也不同。例如，白鲢开口时可能摄食原生动物，属于三级生产力；大一点之后摄食浮游动物，属于四级生产力；而转变食性后摄食藻类，又成为二级生产力。

构成池塘终极生产力的是那些可作为池塘产量的动物。在食物链1中，它们属于四级和五级生产力；在食物链2中，它们属于三级和四级生产力；而在食物链3中，它们属于二级和三级生产力。

在任何水生生态系统中，生物与生物之间的关系都是很复杂的。没有一个生态系统是由单一的生物链（即食物链）所组成，而是各种形态的生物链同时存在。我们平时说自然界的生物间是生物链的关系，其实，应该说是一种生物网的关系更为贴切。

第四节　天然生产力与池塘承载量

根据光合作用通用方程：

$$16NH_4^+ + 92CO_2 + 14HCO_3^- + 92H_2O + H_2PO_4^- \rightarrow C_{106}H_{264}O_{110}N_{16}P + 106O_2$$

我们可以发现，藻类每产生106摩尔氧，会同化16摩尔氨氮，或每产生1毫克氧，可同化0.0660毫克氨氮，或每同化1克碳，可同化0.1761克氮。而池塘中每投入1千克饲料（蛋白含量40%、碳含量50%、饲料系数1.2）消耗1 000克氧并产生40克氨氮，或每消耗1毫克氧会产生0.04毫克氨氮。可见光合作用产氧与饲料耗氧相同的情况下，藻类对氨氮的同化量是饲料产氮量的1.65倍。意味着在没有使用增氧装置、饲料所消耗的溶解氧都来自光合作用的剩余氧的情况下，池塘中不会有氮的积累。

根据上述结论，理论上当人工增氧超过光合作用剩余氧的39.39%［(1.65-1.0)/1.65］的时候，藻类不能完全同化由饲料产生的氨氮，必然造成池塘氨氮的积累，如果池塘没有其他氮处理手段，就必须通过换水，将氨氮转移出池塘，才能解决氨氮的积累问题。

由此可见，池塘饲料承载能力在有增氧装置，且氧不受限制的情况下，是池塘天然生产力的函数。如果饲料质量按上述例子为标准，设天然生产力

剩余氧为 y（千克/亩），则池塘饲料承载量＝$1.65 \times y$（千克/亩）。如果投饵率为鱼虾体重的 2.5%，在不换水的情况下，则：池塘的载鱼量＝$1.65 \times y/2.5\%=66y$（千克/亩）。

当然，实际关系比这复杂得多，影响因素也很多，与养殖模式、饲料质量、养殖品种、投喂策略、气候条件等都有关系。本例子只是简单地表明池塘天然生产力与池塘养殖产量之间的示意关系。亦即通过提高池塘的天然生产力，可以提高池塘的承载量。

影响池塘承载能力的因素很多，但最关键的因素有两个：一是氧的供应能力，二是氮的处理能力。所以，池塘养殖水质控制的所有手段都是围绕着如何提高供氧效率和氮处理能力。

氧的供应主要有三种方式：一是生物供氧，即光合作用，因此，如何通过池塘管理方法去提高光合作用效率是池塘养殖过程管理的重要措施之一；二是常规物理增氧，即采用机械手段增强氧的扩散效率，包括各种搅动式增氧机械和空气压缩装置或直接采用纯氧；三是紧急化学增氧，即在紧急情况下采用过氧化物与水化学反应释放氧气的方式进行急救增氧，还有就是采用表面活性物质降低水体表面张力以强化空气中的氧向水体中扩散，或在紧急状态下直接向池塘补充含氧高的水体。

对于池塘日常管理来说，上述第一种方式是基础。因为光合作用增氧是免费的，而且还有其他多重效益；物理增氧是高产池塘必须配套的机械设备，因为产量高到一定程度时，只靠光合作用供氧是不够的，而且阴天、雨天光合作用效率很低。因此，物理增氧装置也是日常水质管理的重要内容。

目前整个池塘养殖业比较欠缺的是池塘底部氧债的管理。由于池塘底部溶解氧的供应比较困难且繁琐，养殖人员为了方便，而服务公司也乐意，因而大多采用化学产品——底改，但一般很难达到量的平衡。此外，在氧的管理方面，注重如何增氧虽然很关键，但更关键的是尽量避免向池塘输入不必要的耗氧因子。目前很多养殖人员忽略了这一点，除了饲料质量外，大量使用"发酵产物"是池塘底部氧债增加的一个重要因素！

第五节 天然生产力与对虾病害

对于天然水体而言，天然生产力决定了单位水体的渔获量，也就是产量，如水库、湖泊。而对于人工投喂饲料的池塘而言，天然生产力则决定了池塘的净化能力，即池塘的饲料承载量。

一个池塘的天然生产力不是一成不变的，对于碱度、温度确定的池塘来说，天气是影响天然生产力的最大因素。在晴天的日子里，天上飘来一片云，遮挡了太阳，天然生产力的最基础表现——光合作用即刻降低。也就是说，池塘的天然生产力是时时刻刻在发生变化的。

当饲料输入量小于池塘的最低天然生产力承载能力时，池塘水体不会有任何问题。当饲料输入量大于一段时间（如几天的阴雨天、或藻类老化等）的平均天然生产力的承载能力时，池塘水体可能由于污染的积累而出现水质波动，进而造成鱼虾病害发生。

饲料的进步提高了饲料中碳氮的有效率（降低污染）、增氧机的使用又进一步提高了饲料效率和水体污染物的净化效果，因而在相同的池塘天然生产力条件下，我们池塘的饲料承载能力有了大幅度的提升，这是 20 世纪 80 年代后池塘养殖产量不断提升的主要因素。但是，我们忽略了天然生产力的作用，以至于从 20 世纪 80 年代以后，基本上见不到关于池塘天然生产力研究的文献。

随着产量的进一步提高，饲料的污染超出了池塘自净能力，转移是唯一的途径。因而大幅度的水交换成了池塘养殖的趋势，最终整个养殖区域的大环境被污染（当然，也有市政、农业、工业、餐饮等污染），池塘虽然换了水，但由于水源污染，换水的作用并不理想，于是，病害开始高频率发生。

第六节　辅助生产力与可控生态

池塘生态系统紊乱、病害发生的根源在于两个方面，一是生产力的不稳定性（天气变化、藻相变化等），二是饲料投入量与生产力不匹配，污染超出了生产力的净化能力。那么，如果能使池塘的生产力稳定，并加以提高，以满足饲料投入量的需求，这样，池塘生态在一定范围内就可以人为控制了。

一般来说，池塘的生产力来自天然生产力，即光合作用。有人把饲料投入也当成生产力，这是不完善的。所谓生产力，其本质是能量输入。就天然生产力而言，其能量输入方式为：

二氧化碳＋水＋光能→糖类＋氧气

或 $CO_2 + H_2O + 光能 \rightarrow CH_2O + O_2$

其中，二氧化碳和水是能量的载体，其能量以可燃物（CH_2O）和燃素（O_2）的形式存在。也就是说，可燃物和燃素是太阳辐射输入池塘的具体形式。

例如，某池塘每平方米每天光合作用效率是 4～16 克氧、3.75～15 克糖类，即阴天时是 4 克氧、3.75 克糖类，晴天时是 16 克氧、15 克糖类。这种天气的波动是造成池塘生产力波动进而引起池塘生态系统不稳定、不可控的主要因素。

既然引起池塘生态系统不稳定、不可控的光合作用是以可燃物（CH_2O）和燃素（O_2）的形式输入池塘，那么，如果在太阳辐射不足，光合作用效率下降的时候，人为直接输入 CH_2O 和 O_2 就可以避免天气变化引起的池塘生态系统不可控的麻烦。例如在上述池塘里，晴天时光合作用生产力是 16 克氧、15 克糖类。也就是说，直接往池塘里人为输入 16 克氧、15 克糖类就相当于一个晴天的生产力。这种人为直接输入光合作用产物（生产力）的方式我们称为辅助生产力。

对于某个具体池塘，我们设定目标生产力＝实际光合作用（即天然生产力）＋辅助生产力（彩图 19），这样，无论天气如何变化，我们可以通过辅助生产力的灵活应用与调节，使池塘生态系统处于一个相对可控、稳定的状态。

第七节 低产养藻与高产养菌

根据池塘生产力（饲料承载能力）＝天然生产力＋辅助生产力的原则，由于天然生产力是有限的而且不是很稳定，因此，如果我们想进一步提高养殖产量，则只能通过提高辅助生产力来实现。也就是说，低产主要靠天然生产力，而高产靠的是辅助生产力。

天然生产力，即光合作用，由藻类完成：$16NH_4 + 92CO_2 + 92H_2O + 14HCO_3^- + H_2PO_4^- \rightarrow C_{106}H_{264}O_{110}N_{16}P$（藻类蛋白）$+106O_2$。这是传统池塘养殖的常规模式、也是我国水产教科书的理论基础和实际生产模式；适应于中低产养殖体系。

辅助生产力输入的是 CH_2O 和 O_2，由细菌完成：$NH_4^+ + 7.08CH_2O + HCO_3^- + 2.06O_2 \rightarrow C_5H_7O_2N$（菌体蛋白）$+6.06H_2O + 3.07CO_2$。这是当前零

换水、生物絮团、碳氮平衡、高产或超高产养殖技术的理论基础和操作模式；适应于高产、超高产养殖体系。

对于池塘生态系统而言，"低产养藻，高产养菌"的概念还包含着"前期养藻、后期养菌"。前期由于载鱼量小，饲料投入量少，靠藻类的天然生产力就可以支撑，而到了养殖中后期，由于随着鱼虾的长大，池塘载鱼量高，饲料投入量多，需要更多地依靠细菌的辅助生产力去处理。

此外，藻类是同化，只能处理矿化的物质，如氮、磷、钾等；而细菌同化的主要是有机物，同时还存在着有机物的异化，因此，对于高产养殖、大量有机物投入的池塘，细菌处理更快速、更有效。

第八节　细菌与藻类的异同

养鱼先养水，这是大家都明白的道理，那么，养水养什么？

所谓养水，就是调节好池塘水体中的各种生物。池塘中主要的微型生物包括细菌、原生动物、藻类、浮游动物（桡足类、枝角类）；更大类型的有各种水生昆虫，但不是主要管理对象。最基础的微型生物是细菌和浮游植物（藻类）。所以，所谓养水，就是"低产养藻、高产养菌""前期养藻、后期养菌"。对于水产界而言，原生动物、藻类、浮游动物我们都比较熟悉，但对微生物（细菌），我们的认识相当有限。因此，很多人用养藻的方式去养菌，犹如用管鸭的方式去管鸡，结果必然是一塌糊涂。

（1）大多数藻类都已经被鉴定、命名、分类了。但水体中98％以上的细菌尚不可培养，更不能说认识了。大多数藻类都可以单独培养，基本上没有共生关系（地衣除外，但它们不是池塘中的生物），而大多数微生物却存在着各种各样（共生、互生、共存、颉颃）的关系。

（2）藻类是光能自养生物，适应于矿化水和有机污染低的池塘，其生长量与二氧化碳浓度、光照和氮、磷等营养素有关；而在池塘中起重要作用的微生物大多数是化能异养细菌，其数量与饲料投入量关系密切，是饲料投入量的函数。意味着饲料投入量越高，池塘水体中的微生物密度也越高。

（3）藻类生长主要与面积有关（太阳辐射），与深度关系不大（深度具有营养盐的缓冲作用）；而微生物则与池塘体积有关。因此，提高水体深度只能提高藻类光合作用对水体溶解氧、pH等变化幅度的缓冲能力，但提高水体深度则能按比例提高微生物的总量和净化力。

（4）对于池塘来说，从回水开始培藻，由于无机营养盐丰富、藻类少，光线充足，各种藻类都可以按自己的生长特性得到最佳生长，因此，藻类的多样性十分丰富。随着藻类的密度增加，营养盐的减少，藻类才出现竞争关系，多样性逐步降低，开始出现藻相的演替（一种藻类由于大量生长而破坏了自身的优势，被另外一种藻类所取代）并逐步优胜劣汰，最终往往只剩下对环境适应性最强的蓝藻。因此，藻类生态的建立不需要太长时间。然而，大多数细菌是共生的，一种细菌的正常生长需要相应的其他细菌的存在，或者，一类细菌的生存生长需要另一类细菌为它们提供生存环境，例如，厌氧细菌的生存生长需要好氧细菌先生长并消耗溶解氧，以维持厌氧环境；另外，有些细菌的生长是有顺序的，例如，氨化细菌先生长，产生氨氮，有了氨氮，亚硝化细菌才能接着生长，亚硝化细菌产生亚硝酸，有了亚硝酸，硝化细菌才能生长。因此，微生物生态的建立与完善需要相当长的时间。一般来说，一个相对完善的微生物生态系统的建立至少需要三个月。

（5）消毒对藻类生态系统的影响比较小，即使将池塘中的藻类全部杀死，重建藻类生态系统也只需要几天时间。但消毒对微生物生态系统的影响是重创性的，重建微生物生态系统需要几个月的时间。也就是说，低产池塘可以随便消毒（杀死几种藻，藻类生态基本不受影响），高产池塘不能随便消毒（杀死几种菌，微生物生态就破坏了）！

（6）除营养素外，藻类生存生长的环境条件相对一致，藻类在池塘中的分布基本没有区域性，都分布于透光层。但微生物不同，微生物的分布主要是按氧化还原电位梯度分布的。由于池塘生态系统中氧的分布具有一定的区域性，因而也决定了微生物的分布。此外，改变水体的氧化还原电位就可以改变微生物种群。

第九节　"有益"还是"有害"

自然界本身就是一个能自我调节的动态平衡系统，在平衡状态下，世间万物的存在，都是合理的，因而也没有什么好坏之分。须知自然界万物都是双刃剑，没有绝对的好，也没有绝对的坏。

对于自然界来说，狼吃动物，是动物的天敌，狼多了，是"害虫"，需要消灭；而狼少了，山野动物多了，草原草没了，生态失衡了，需要保护了。那狼是"有益生物"还是"有害生物"？

　　同样的道理，池塘生态系统最基础的生物是细菌，其中某些细菌多了，生态失衡，需要控制甚至杀灭，我们说它们是"有害菌"；其中某些细菌少了，生态也失衡了，我们需要补充，我们就叫它们为"有益菌"。也就是说，对于某个具体的池塘，少了的那种细菌就是"有益菌"，多了的那种细菌就是"有害菌"。因此，并不是某种细菌一定是有害菌，某种细菌一定是有益菌。可能这种细菌现在少了，我们称为有益菌，那么，如果明天多了呢？自然成为有害菌。

　　对于物质来说，道理也一样。例如氨氮是有益还是有害？关键要看什么地方、什么剂量！例如，养殖前期，池塘氨氮太低则藻类无法生长，我们需要添加，是"有益物质"；养殖后期，由于饲料投入量大，如果氨氮偏高，造成鱼虾中毒、池塘生态失衡，是"有害物质"。

　　又如，在养殖中后期，氨氮高了，碳氮比不足，补"碳"是处理氨氮，碳是"补品"；但如果氧不足时，碳氧比高了，补"碳"无异于自杀，碳是"毒品"！

　　所以，池塘中任何生物，没有绝对的好，也没有绝对的坏，平衡了，都是好的。所有池塘投入品也一样，都必须根据需要去合理使用，再好的东西使用不恰当，都可能成为毒药，引起灾难。所谓"补"是相对于"缺"而言，不缺滥补，适得其反。

第十一章　欲速则不达

第一节　水产养殖往往欲速则不达

在经济活动中，资本的投入追求效益能立竿见影，这本无可非议。快，并非不好。但，快，要有道理，要尊重自然，一切违背自然的快，都要付出惨重的代价。在"快"的背后，隐藏着无数的陷阱和危机。商家就是利用人们这种赚快钱，赚易钱的心理，把养殖业引入歧途。

刚搞好池塘，就希望水质能立刻培好，于是市场上就有"用量少、见效快"的速效肥供应；鱼虾要长得快，今天放苗，就希望过几天就有鱼虾卖，于是快大苗、快大料漫山遍野。整个水产养殖业什么都要快，也什么都可以快。但养殖户最终得到的结果并不是赚到快钱，而是鱼虾"死得快"。

池塘是一个生态系统，生物之间的消长是有时间要求的，想快一点，是没错，但需要深入研究，找到最佳途径，简单粗暴地提高速度往往得到的是不良的后果。藻类快速生长，必然与微生物、原生动物、浮游动物脱节，导致 pH 高、溶解氧高、老化、产生藻毒素等的后果；微生物的快速生长必然导致种群单一，共生体系失衡，生态系统紊乱；过量的微生物很容易演变成条件致病性病原；简单地通过提高饲料蛋白含量去提高养殖动物的生长速度，必然带来氮的污染，导致环境恶化；以牺牲抗逆性能为代价的育种技术也在获得快速生长品系的同时，导致该物种更为娇弱，难以适应环境的变化，甚至不适合于池塘养殖。

任何事情都需要有个度。追求快的前提是健康——健康的环境生态系统、健康的动物体质，如果这种快已经导致动物生存都困难、动物都不存在了，快又有什么意义？很多时候，缺乏科学、缺乏耐心，往往欲速则不达。

第二节　快速培藻的得失

传统池塘肥水是采用植物残余发酵后的有机肥或青草或动物粪便，有机碳多而氮、磷、钾少，肥效比较慢，但持续而稳定。由于藻类也是植物，一种植物经微生物分解而释放出来的营养素去"合成"另一种植物，从营养上来说是相对平衡的。一边慢慢释放，一边慢慢生长，是持续和稳定的基本原理。自从20世纪70～80年代兴起化肥养鱼之后，直接使用化肥肥水才慢慢推广使用。

首先，目前许多养殖户追求快速培藻，生产厂家为了迎合养殖户这种心态，虽然给的是"有机肥"，但也添加了大量的无机肥，即使含有相当的有机物，这些有机物大多是快速分解的糖类或淀粉类，肥效直接而且快速。用无机肥培藻，藻类来得快，但去也快，不稳定。特别是一些"用量少、见效快"的肥水膏，见效要快，肥料必须容易吸收，用量要少，只能大量使用氮、磷、钾，虽然藻类生长是很快，但没有后劲。也就是说，藻类的快速生长虽然达到了我们肥水的目标——一定的藻类密度，但肥料也吸收完了，如果再施肥，则藻类过浓，如果不施肥，则藻类老化。

其次，藻类生长很快，但原生动物、浮游动物跟不上，不能通过藻类的消费来维持藻类消长的平衡，微量元素不能有效周转，倒藻、产生藻毒素是必然的！同时，由于藻类没有被消费，微生物得不到相应的营养而生长缓慢，藻类大量消耗二氧化碳而微生物不能释放相应的二氧化碳来补充，又导致pH失控。高速生长的藻类大量释放氧气而没有足够的微生物消耗氧气，又造成了溶解氧过高而导致气泡病的风险。此时，如果以为藻类肥起来了，就放苗，后果则不堪设想——老化的藻类产生的藻毒素、高pH、高溶解氧就足以把再健康的苗种都折磨半死！如果是养殖南美白对虾，那EMS就不奇怪了。

第三节　快速培菌的得失

细菌的功能主要是分解池塘水体中的有机物质，前期饲料投入少，根本不需要大量的细菌！前期所谓"藻菌平衡"只是卖概念而已。有人认为前期的细菌呼吸可以平衡藻类光合作用对二氧化碳的消耗而避免pH过度升高，其实这是个伪命题。因为要维持这些细菌能够产生大量的二氧化碳必须同时连续输入大量的细菌底物——有机物质！否则细菌是不可能凭空产生二氧化碳的。

要使细菌快速生长，只需添加一些细菌容易分解吸收的有机物质。但是，细菌生态与藻类生态不同，其一，细菌生态的建立需要一定的顺序。单一的营养源如甘蔗糖蜜之类的糖类能被细菌快速利用，因而短时间内可以使细菌大量生长，但种类相对单一，构不成"微生物生态"。其二，藻类每天有太阳辐射的能量输入以维持生存与生长，而细菌则需要人为输入能量物质才能维持生存和生长。如果采用速效细菌营养素（如单糖、双糖、各种有机酸发酵物）培养，几小时内细菌就能生长起来，而营养素则随着细菌的生长按比例消失。细菌数量增长与细菌营养素减少的反差必然导致许多生态问题。

（1）大量快速培养出来的细菌只是相对单一的种群，不是微生物生态，甚至由于单一细菌过量繁殖反而导致微生物生态系统的建立受到影响。

（2）大量快速繁殖起来的细菌没有后续营养底物补充必然导致细菌生物学行为发生变化，变成病原微生物。

（3）藻类是悬浮的，而细菌很容易形成絮团沉淀。大量细菌的生长、沉淀，必然导致池塘底部环境受到污染，加速池塘底部生态破坏。

如果前期培藻太快导致 pH 偏高，是培藻失误，应该纠正培藻方法，如果采用大量培菌去处理，等于错上加错！

总而言之，养藻的目的是用于光合作用，充分利用太阳能，为池塘输入能量；而养菌的目的是为了净化养殖环境，必须人工提供能量（糖类）和氧气。因此，池塘细菌的数量应与饲料投入量相匹配，养殖前期饲料投入量少，污染小，没必要养些细菌在那里浪费"粮食"——氧气和糖类。

第四节　高蛋白饲料的得失

池塘养殖的本质是蛋白转化，饲料配方的设计也是围绕着蛋白转化而进行的。一般来说，在一定蛋白质含量范围内，鱼虾的生长速度直接与蛋白质含量成正比。在饲料蛋白质水平的研究中，我们经常可以看到如图 11 - 1 所示的结果：

当饲料中蛋白质含量低于"基础代谢水平"时，鱼虾出现"负生长"，因为饲料中的蛋白质不足以维持鱼虾的基础代谢；绝对生长量为零或负值，所以，饲料蛋白效率小于等于零。

当饲料中蛋白质含量高于"基础代谢水平"时，随着饲料蛋白含量的提高，鱼虾生长速度迅速提高，"比生长速度"（即生长速度对蛋白质含量的变

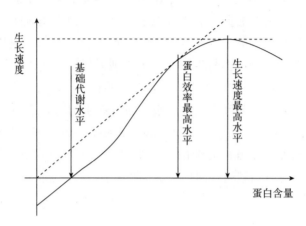

图 11-1　饲料蛋白质含量与鱼虾生长速度示意

化率或生长速度与蛋白质关系的方程的导数）的变化率大于零；饲料蛋白效率逐步而且迅速提高。当饲料中蛋白质含量等于"蛋白效率最高水平"时，鱼虾的"比生长速度"变化率等于零，饲料蛋白效率达到最高；当饲料中蛋白质含量大于"蛋白效率最高水平"时，虽然绝对生长速度还在提高，但已经变慢了，鱼虾的"比生长速度"的变化率小于零，因而饲料蛋白效率也逐步降低。当饲料中蛋白质含量等于"生长速度最高水平"时，鱼虾的绝对生长速度达到最高，但饲料蛋白效率大幅度降低；当饲料中蛋白质含量大于"生长速度最高水平"时，鱼虾的绝对生长速度开始逐步降低，出现"蛋白中毒"现象，这种饲料没人做。

　　因此，从提高蛋白效率、降低池塘污染角度而言，养殖户应该适当牺牲一点鱼虾的生长速度，选择"蛋白效率最高水平"的饲料，而不要为了最大生长速度去选择蛋白含量更高、生长速度最快、但氮污染也最大的饲料。"长得快，死得快"是行业中常见的现象。只有鱼虾活着，生长速度才有意义。

第五节　快速育种的得失

　　生存，是自然界所有物种的第一要素。而要能够更好地生存下来，一个物种必须在两个方面获得遗传表型优势：①获得食物；②自我防卫（避免被作为食物）。因此，自然界任何物种的遗传特性都是这两个方面的自然选择结果，缺一不可。也就是说，生长速度不是最重要的，最重要的是能够活下来，其次才是生长。当然也有例外，一些物种在某些特殊环境下，生长速度就是生存机会。

然而，一个种物种（无论是动物还是植物）一旦被人类选择进行家养，就被保护下来了，一日三餐，定时定量；所有天敌，都被人类清除。因而作为自然界野生状态下的遗传性状的优势，在家养状态下就没太大意义了。这些遗传性状反而消耗了能量、影响了生长。因而家养后人类对该物种的遗传特性的要求是产量（有时是品质），选育种的方向是生长速度。

对于一个遗传特性确定的物种，我们对其进行"遗传改良"——育种，是尽量削弱或剔除不必要的性状，如与觅食技能相关的遗传表型，以及与防卫相关的遗传表型，而尽可能提高与生长相关的遗传表型。

遗传表型是在某些特定环境条件下遗传基因表现的结果。例如，我们对某个养殖品种进行选育，是在给定营养、水质、气候等条件下根据其生长速度进行"择优录取"的。然而，我们不能保证该物种在其他营养、水质、气候等条件下的生存能力和生长速度与选育时一致。因此，所选择的每一种优良性状，都是有特定的营养、水质、气候等条件要求的。所以，一个物种的每一种优良性状的选择都必须经过多方验证，确保改良后的物种能适应各种营养条件和养殖环境。

过去，家养物种是通过定向选择，逐步积累在给定养殖环境下的优良遗传性状，因此，一个遗传品质优良的家系形成需要漫长的时间，但对当地养殖环境有良好的适应性。然而，当今的基因改良技术可以在很短的时间内对物种的遗传特性进行改造，这本是一件好事。但是，如果每一个基因改造都不加以验证，快速育种，就可能出现大问题——长得快，死得快！

第六节　大量放苗的得失

为了获得高产量和高回报，养殖者喜欢加大对虾放苗量。但大部分实验结果表明对虾养殖密度与对虾生长呈现负相关，养殖密度高则带来较高的饵料系数和死亡率。这被称为对虾生长中的密度效应。其最为直接的解释为高密度条件下形成养殖水环境中高排氨率、高粪便累积和大量的残饵，从而生成大量毒害化学物质。但是，在室内循环水养虾生产中，水质控制在良性条件，对虾在高密度养殖中仍然受某方面的胁迫，从而导致低成活率和生长速率。所以，室内循环水养虾生产表明化学毒害作用不是高密度对虾养殖中密度效应的唯一原因，养殖生物对饵料的竞争和同类相残等物理行为也为密度效应的某种原因。

有趣的是，Nga 等（2005）在室内设计了密度效应实验进行斑节对虾的养殖模拟，设计框架见下图。Nga 利用不同密度对虾养殖的废水进行同类密度下的对虾养殖，发现高密度养殖下对虾的同类相残作用和拥挤效应等不是密度效应的诱因，水环境中的 pH、温度、盐度、溶解氧、氯化物、硝酸盐和亚硝酸盐对对虾生长影响微弱，真正的原因为水环境中的某种化学物质，其中氨氮的毒害效果显著，推测氨氮为该化学物质（图 11-2）。

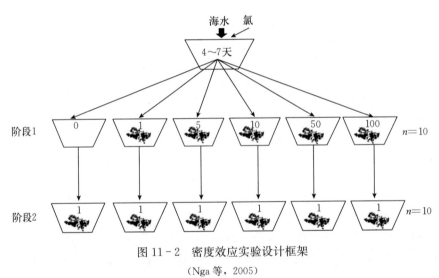

图 11-2　密度效应实验设计框架

（Nga 等，2005）

不过，也有人发现，养殖密度对南美白对虾存活率无影响，这可能与不同研究者所选择的密度水平的差异有关。对于高密度的对虾精养池塘而言，其对养殖水环境中的营养物质利用更为充分。Burford（2004）利用[15]N 示踪剂研究了高密度养殖系统悬浮物对南美白对虾生长的贡献，表明养殖环境中的悬浮颗粒可以稳定地供给营养，来源于悬浮颗粒的生物饵料 N 对对虾生长贡献占 18%～29%。斑节对虾的封闭式养殖实验中，对虾密度每立方米水体

50 尾的养殖系统对营养物的利用率高于对虾密度每立方米水体 25 尾的养殖系统。

可见，大量放苗本身是没有错误的，但对水体氨氮的有效控制，避免对虾死亡率，提高水体悬浮颗粒利用率，从而获得对虾高产，这是池塘养虾的本质。

第十二章　藻类控制

第一节　藻类生态

藻类是池塘中的第一生产者，与池塘天然生产力关系十分密切。藻类具有许多功能：池塘天然饵料的来源；氧气的主要来源；氨氮净化（同化）；提供遮阴，等等。

藻类是池塘生态系统能量流动和物质循环最初始、也是最重要的一个环节。此外，藻类的生产力要与池塘其他生态环节的生物量相匹配才能维持生态系统的稳定，各级生产力之间的相对平衡是池塘藻类生态稳定的基础。

池塘中藻类的种群结构遵从"物竞天择，适者生存"的原则。主导藻类的品种由水质属性、营养元素、气候条件（温度和光强）等因素所决定。同时，也受下游捕食生物的种类和摄食压力所影响。营养条件、气候条件或下游捕食生物等因素变化时，也会出现种群演替。

通过光合作用，将太阳辐射转化为生物质能输入池塘，以驱动池塘生态系统运行，是藻类的主要功能。通常评价池塘生产力的指标是单位面积在单位时间内氧的产量或碳的产量，如氧多少克/（米^2·天），或碳多少克/（米^2·天）。由于光合作用的产物，糖类和氧气在摩尔上是相等的，即每固定1摩尔碳的同时产生1摩尔氧。所以，两种生产力的关系是氧8克/（米^2·天）相当于碳3克/（米^2·天）（氧的分子量与碳的原子量的比值）。

影响藻类光合作用效率的因素很多。其中最主要的因素有：无机碳、光强、温度、微量元素和藻龄等。根据池塘的不同养殖阶段的需要去调节藻类光合作用效率是池塘养殖管理核心技术之一（这句话不大好理解，但如果理解了，就是高手，也只有理解这句话，才能真正理解传统养殖管理的原理）。

藻类之间基本不共生。一种藻类的生存与生长，大多数不依赖其他藻类的存在。因此，对于一个新的空白系统（如刚消毒、注水的池塘），从一开始，各种藻类都可以生长。只是因对二氧化碳浓度、微量元素组成、光照度和温度等因素要求的差异，不同的藻类生长优势不同而已。

因此，刚施过肥料的池塘培藻的早期，藻类的生物多样性比较丰富。其中的优势藻类往往有一定数量（不是一枝独秀，除非接种定向培养）。其他生长缓慢的种类也能照样生存生长，只是可能由于数量太少而比较难以被发现而已。

包括藻类在内，任何生物的生长过程，都在破坏自身的环境条件——消耗生存生长的资源并积累对自身不利的代谢废物。如果生存生长资源不能及时补充，代谢废物不能及时清除，这种藻类的优势就会丧失，而另一种更适应这种条件的藻类就会取而代之。这个过程就称为"生态演替"。

不同藻类在营养需求和细胞组成上有所不同，故对水体中的微量元素组成的要求也不同，因此，开始培藻时，池塘水体中的矿物元素组成最接近哪一种藻类的最佳需求，这种藻类就会长得快一些。随着时间的推移，这种藻类的生长必然导致水体中这些矿物组成发生变化，此时的水体不再是该藻类的优势环境，这种藻类的生长速度就会下降。

相反，由于前一种藻类的生长对水体中矿物元素的选择性吸收，使得这个水体的矿物组成越来越适合于另一种藻类的生长，这种藻类生长速度就会超过原来的优势种并取而代之成了新的优势种。

随着藻类的生长，水体中的营养素越来越匮乏，藻类之间开始出现对某些营养素的竞争，有竞争优势的藻类就可以获得生长机会。对于低浓度营养素的竞争，具有竞争优势的是那些比表面积（单位质量物料所具有的总面积）大的种类。细胞个体越小（蓝藻）、外形越偏离圆形的藻类（丝状藻），就越具有竞争优势。这是池塘藻相最终往往演化为蓝藻的主要因素之一。

第二节 叶 绿 体

叶绿体是藻类光合作用的器官。但不同的藻类叶绿体的结构以及各种酶和功能组织不同，因而导致对二氧化碳的亲和力有所不同。

叶绿体中包含光能俘获系统和二氧化碳固定系统。光能俘获系统又称光反应系统，负责吸收光能，产生还原力和能量：

光反应：$2H_2O + 光能 \rightarrow O_2 + 4H^+ + 4e^-$

还原力：$NADP + H^+ + e^- \rightarrow NADPH$

能量：$ADP+P+能量 \rightarrow ATP$

不同的藻类叶绿素的种类和组成有所不同，所吸收的光谱的波段也不同。这是不同藻类看上去颜色有所不同的缘故。

二氧化碳固定系统又称卡尔文循环或暗反应系统（可在无光照的条件下进行，也就是说，光反应系统只能在有光照的条件下进行，而暗反应系统无论是否有光照都可以进行），负责固定二氧化碳，将二氧化碳同化为糖类：

$$CO_2+NADPH+ATP \rightarrow CH_2O+H_2O+NADP+ADP$$

在卡尔文循环中，固定二氧化碳步骤的酶称为核酮糖-1,5-二磷酸羧化/加氧酶。该酶的活性以及对二氧化碳的亲和力是藻类的重要特征之一。

第三节　光合作用

藻类的光合作用是一种酶促反应：

$$CO_2+H_2O \rightarrow CH_2O+O_2$$

因而光合作用的反应动力学服从米氏方程。即光合作用速度（pv）与底物二氧化碳浓度的关系可以用米氏方程来表达：

$$pv=PV_{max}[CO_2]/(K_m+[CO_2])$$

其中 PV_{max} 为最大光合作用速度，K_m 为米氏常数，在这里为藻类的二氧化碳的半饱和常数。即当二氧化碳的浓度达到 K_m 时，$pv=PV_{max}K_m/(K_m+K_m)=50\%PV_{max}$，即最大光合作用速度的一半。

由于二氧化碳可以用总碱度（TA）表示：

$$[CO_2]=([TA]-K_w/H^++H^+)[H^+]^2/(H^+k_1+2k_1k_2)$$

所以，一般也用 $k_{0.5}$（TA）代替 K_m 来描述藻类对二氧化碳的亲和力。$k_{0.5}$ 越小，藻类对二氧化碳的亲和力越高。

也有些文献用溶解的无机碳（DIC）表示，即 $k_{0.5}$（DIC）

$$[CO_2]=[DIC][H^+]^2/([H^+]^2+H^+k_1+k_1k_2)$$

以 $k_{0.5}$（TA）为碳酸钙20毫克/升用总碱度对光合作用效率作图（图12-1）。

图12-1清楚地表明，当总碱度高到一定程度之后，通过提高总碱度来提高光合作用的意义已经不太大了。在本例中，总碱度超过碳酸钙100毫克/升后再提高碱度对光合作用速度已经没有什么贡献了。

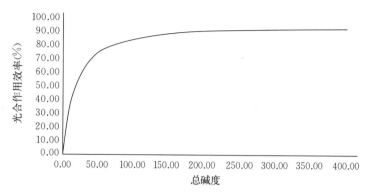

图 12-1　藻类光合作用效率与总碱度之间的关系示意

不同藻类的 $k_{0.5}$ 不同，即不同藻类对二氧化碳的亲和力不同（图 12-2）。

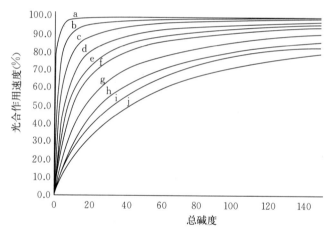

图 12-2　藻类光合作用的速度与总碱度之间的关系示意

图 12-2 表明，有些藻类，在非常低的总碱度下光合作用效率也可以很高（如曲线 a）；而有些藻类需要比较高的总碱度才能有效进行光合作用（如曲线 j）。

从图 12-2 中可以看出，要使池塘藻类具有多样性，水体的总碱度必须达到一定的水平。总碱度越低，光合作用速度超过 50% 的藻类越少；另外，提高总碱度，不同藻类的光合作用速度提高的幅度不同。

蓝藻的 $k_{0.5}$ 非常小（图 12-2 曲线 a），即二氧化碳的亲和力非常高，所以，总碱度低或局部缺乏二氧化碳，是蓝藻暴发的主要原因（没有之一）。提高总碱度，对蓝藻的光合作用效率提高作用不大，但可以大幅度提高其他藻类的光合作用效率。所以，提高总碱度是提高藻类多样性、防止蓝藻暴发的重要手段之一。

第四节　光抑制和光氧化

如果我们把光合作用过程的光反应看成是一个源源不断输出电力的发电机，那么，暗反应就如一个蓄电池，把电能转化为有机物质的生物质能储存起来。但是在某些情况下，如光照太强烈，发电速度大于蓄电速度，造成电流过剩，或者作为蓄电池的电子受体二氧化碳不足，光反应所发出来的电流没地方储存，这个时候剩余的电量必须放掉，从而造成光合作用的效率和（或者）最大光合速率降低，称为光抑制；严重时还会造成光合机构的光氧化破坏，称为光氧化。

光氧化产生过程是由戊酮糖-1，5-二磷酸羧化/加氧酶催化进行的。前面讲到卡尔文循环中将二氧化碳结合到循环系统内产生葡萄糖的关键酶是戊酮糖-1，5-二磷酸羧化/加氧酶，系统在二氧化碳充足时，羧化酶催化戊酮糖-1，5-二磷酸羧化，并裂解成两个3-磷酸甘油酸；而在二氧化碳不足时，羧化酶变成为加氧酶——催化戊酮糖-1，5-二磷酸氧化并裂解成一个3-磷酸甘油酸和一个磷酸乙醛酸，磷酸乙醛酸进一步代谢产生二氧化碳和过氧化氢，过氧化氢对植物细胞膜，尤其是对叶绿素具有很强的毒性作用。

因此，正常光合作用是利用二氧化碳产生有机物质，而发生光氧化时则消耗有机物质产生二氧化碳。

植物包括藻类对光氧化具有多层次和多样化的自我保护机制，其中最常见的是叶黄素循环和抗坏血酸循环。

当藻类处于应对光抑制时，叶黄素循环中的各种色素（紫黄素＋环氧玉米黄素＋玉米黄素）增加，这就是池塘水体有些时候在中午看上去有些泛黄而傍晚又恢复绿色的原因。

因此，在强光而又没有水流动的静止池塘里，尤其是二氧化碳不足的情况下，大多数其他藻类不仅不能正常光合作用，还要消耗能量去抵抗光氧化，甚至由于光氧化而死亡；但是，蓝藻有很完善的抗光抑制、光氧化的能力，能照样正常生长。这也是光照太强容易暴发蓝藻的一个很重要的原因。

第五节　藻类的控制

传统池塘养殖水质控制本质上是藻类的控制，所谓"养鱼先养水"本质上也就是养好藻类。从地球宏观角度看，"植物合成，动物消费，微生物分解"，形成自然界闭合的能量流动和物质循环系统。就池塘而言，藻类合成，滤食性动物消费，微生物分解，形成池塘的基础生态系统。

池塘藻类生态系统的稳定是相对的，不稳定是绝对的。这里面包括两个层次，一是气候条件在发生变化，藻类的种群结构也会发生相应的变化；二是输入池塘生态系统的物质的量也在发生变化，也要求池塘藻类生态系统的承载能力发生相适应的变化。

要使池塘藻类生态相对稳定，每天被藻类消费的物质必须能稳定供应；同时，每天生长出来的藻类也必须被相应消费，才能保持池塘中藻类的密度和活性相对稳定。因此，藻类相对稳定（即生态系统稳定）的本质是生态系统各环节之间相对平衡。

池塘的藻类组成是池塘水质属性和当地气候条件所决定的。刻意去定向培养某种藻类经济上既不划算，实际上也很难实现。所以，藻类的控制只能是生物量上的控制而不是种群上的控制。

蓝藻水华的出现是池塘水质恶化的标志，只是杀灭蓝藻并不意味着水质得到控制，养殖人员应该尽一切努力避免蓝藻水华的发生而不是等到蓝藻水华发生后再去寻找各种杀灭蓝藻的方法。

常规藻类生物量控制的方法有：水体生产力（总碱度）控制、滤食鱼类生物量控制、化学和物理控制、机械控制和改底控制等。

1. 水体生产力控制　藻类的生物量以及每天的光合作用速率必须与池塘的载鱼量相匹配。对于池塘养殖来说，无论作为净化功能，还是作为天然饵料，由于养殖前期各种鱼虾的生物量小，饲料投入也少，"污染"自然也小，不需要太高的藻类生产力来维护。相反，如果藻类的生产力太高，而消费藻类的鱼虾生物量小，有可能反过来导致生态系统失衡和紊乱。

因此，养殖前期有必要控制藻类生产力，使之与池塘中各种生物的生物量相平衡。传统上，对于养殖前期的藻类控制是采用降低总碱度来实现的。

众所周知，在传统养殖养殖过程中，池塘进水后都采用大剂量的生石灰处理，将池塘水体的 pH 提高到 11 以上，令碳酸钙大量沉淀，从而使水体的总碱度大幅度降低，避免了藻类的过度生长。等待 pH 降低以后，经过试水，安全以后就放苗进行养殖。随着鱼虾的长大，再时不时小剂量补充一点生石灰，提高总碱度，使藻类的光合作用与池塘的载鱼量相匹配。

这种藻类调控技术巧妙地利用了生石灰的特点：大剂量脱钙降碱度，小剂量补钙提碱度。这一种安全、有效、真正科学的水质控制技术沿用了数千年，直到 20 世纪 80 年代反而被我们现代人的所谓"科学养殖"所抛弃，采用漂白粉替代生石灰"消毒"，实在可惜、可悲。

即使是池塘水质经典书籍——《池塘养殖水质》，建议的方法也是通过营养素——氮、磷的控制来控制藻类，而咱们老祖宗更厉害，直接釜底抽薪，降低碱度！这不能不佩服我国古代劳动人民的智慧！

前面说过，不同地区放苗前"消毒"所用的生石灰剂量有所不同，教科书或文献上的描述也多是仅凭经验。因此，如何根据具体水质属性、养殖对象和养殖模式，对生石灰的使用进行精确计量，值得进一步深入探讨。

2. 滤食性鱼类生物量控制　我国传统的池塘养殖模式是四大家鱼（南方为青鱼、草鱼、鲢、鳙；北方为青鱼、鲤、鲢、鳙）混养，此外，还有两条关键底栖鱼类——鲮和鲫。这是一种典型的生态组合。其中主养鱼类是草鱼或鲤，而青鱼、鲢、鳙、鲮或鲫则构成一个水质控制的生态链。

在池塘水体中，自然发生的生物是藻类、原生动物和浮游动物，而鲢、鳙则一方面作为调节藻类、原生动物和浮游动物的生物量平衡手段，另一方面又作为生物净化系统的氮汇和碳汇，最终以水产品的形式输出。

要保持养殖水体的"活、嫩、爽"，就要保证藻类的周转率。即维持藻类生长与消费之间的平衡。一般情况下，开塘时需要相对比较大的鲢、鳙的生物量，才能保持藻类周转速度的需要。按照国外的相关研究，藻类的平均寿命维持在三天左右比较理想。如果滤食性鱼类对藻类的"捕食"压力太大，则藻类越来越少；如果"捕食"压力太小，则藻类容易老化。

藻类生物量与滤食性鱼类生物量之间的平衡是动态的而不是恒定的，随着藻类控制终端的滤食性鱼类生长，其生物量在增加，同时，随着其他养殖动物的生长和饲料投入的增加，都要求藻类生长速度增加以便和整个生态系统生物量的增加相匹配，唯一的办法是提高藻类的光合作用效率。这就是为什么传统养殖十天半个月就要施一次生石灰的原因。通过提高碱度来提高光合作用效率以确保日益增加的饲料污染得以净化以及提高生长速度来满足滤食性鱼类生物量增加的需要。

当然，藻类的生产力不可能无限制地提高以满足日益生长的滤食性鱼类的捕食压力和池塘饲料投入日益增加的污染，因此，必要的时候必须通过控制滤食性鱼类的生物量和饲料投入量以便与藻类的光合作用相平衡。具体办法是捕捞适量的大规格滤食性鱼类和主养鱼类，再补充相应的中小规格滤食性鱼类和主养鱼类，减少池塘生物量以降低饲料污染率和对藻类的"捕食"压力。这就是传统养殖为什么总是轮捕轮放的原因。

也就是说，传统的池塘养殖是通过调节池塘总碱度和滤食性鱼类和饲料投入量，即通过轮捕轮放来控制藻类的。如何根据水土、气候资源条件，构建最合理的、最有效的藻类、鲢、鳙生态链的最佳平衡，从而提高池塘的饲料承载能力，需要从藻类的生长速度与当地日照和水质属性的关系、鲢、鳙的摄食强度、生长速度等最基础的学科进行研究。

3. 化学和物理控制　降低水体二氧化碳浓度（总碱度）可以控制藻类的光合作用，同样，通过降低光照强度也可以控制藻类的光合作用。降低光照强度有两种方式，一种是物理遮阴，通过在池塘上方搭棚，根据需要盖上具有一定透光度的遮光网，见图 12-3。不同遮光度对藻类光合作用效率的影响程度的相关研究数据还很欠缺。就目前对虾幼体培养过程中高纯度藻类培养和许多室内藻类培养的光照强度来看，藻类对光强的要求不高。

图 12-3　遮光网

另一种方法是采用黏土或染料对水体进行染色，降低水体的透光度以达到降低光合作用效率的目的。短时间遮阴可用黏土，也就是泼黄泥巴水；长时间遮阴可采用化学染料，最早见于文献的水产养殖遮阴用的产品是国外的"Aquashade（TM）"，目前国内产品如"黑土精"等。

控制总碱度或控制光照强度属于前端处理，后端处理除了滤食性鱼类外，还有化学絮凝（有机絮凝剂如聚丙酰胺系列；无机絮凝剂如聚合氯化铝系列）和化学毒杀（主要为硫酸铜及其衍生物）。这些方法是目前水产市场的主要方法，也是最不环保的方法，因为杀死藻类降低光合作用产氧、净化能力的同时又加大污染和耗氧；相信大家都很熟悉，不再赘述。

采用化学杀藻犹如在草坪上使用除草剂，这不是控藻，而是除藻，整个池塘的生态系统完全遭到破坏。大家都知道，草坪上草过量是不会采用除草剂的，而是采用割草机！草原上的草是通过食草动物来控制的，也可以用机械收割的方法来控制。因此，池塘中的藻类可以通过滤食性鱼类来控制，也可以采用物理消除方法——电光杀藻来定量强制循环。

电光杀藻设备的作用类似于割草机，定量删除而不伤害其他藻类，不破坏生态环境。或许，将来池塘藻类密度完全可以采用滤食性鱼类同时辅以现代化高科技设备来精确定量，根据池塘饲料投入量自动控制藻类密度，该保留多少该删除多少全部自动控制。该设备目前国内已有公司研发，期待中。

4. 机械控制 藻类的光合作用是处于池塘的光照层，一旦光照层溶解氧饱和或营养盐耗竭，光合作用效率就会降低；或者表层溶解氧过饱和，就有可能导致溶解氧逸出而挥发到大气中，造成"负增氧"的后果。因此，当光照层溶解氧饱和时，将表层溶解氧输送到溶解氧低的底层，并将底层富含藻类营养盐的水体输送到表层，可以大幅度提高光合作用的效率，并大幅度提高整个池塘水体的溶解氧储存总量，并且可以提高藻类的活度，避免老化。

采用机械设备促进水体上下流转是提高光合作用效率最有效的方法。常见的设备有：

（1）耕水机：耕水机功率小，适应于养殖密度低、没有配置其他增氧装置的小池塘或景观水体（图12-4）。

（2）涌浪机：涌浪机功率比较大，适应于常规池塘养殖。具有强有力的提水功能（图12-5）。

耕水机也好，涌浪机也好，其原理都是起着养殖水体的消层作用，这些设备本身不具备增氧功能，都是通过促进水体流转、强化溶解氧向下扩散、营养素向上扩散的作用达到促进藻类的光合作用，从而达到提高太阳辐射的利用效率，提高溶解氧产量。因此，只有在晴天表层水体溶解氧饱和或过饱和、水体分层影响溶解氧和营养素扩散时才使用。阴天或夜晚缺氧时不能当作增氧机使用。由于池塘底部一般情况下有机物质浓度比较高，溶解氧消耗比较快，池塘底部溶解氧比表层溶解氧的浓度要低得多。如果夜间或阴天池塘缺氧时开动耕水机或涌浪机，会加速池塘水体溶解氧的消耗，反而加速池塘水体缺氧！

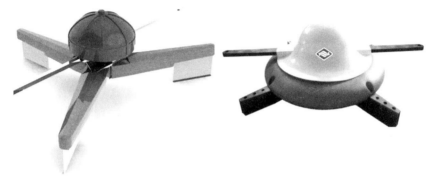

图 12-4　耕水机　　　　　　　　图 12-5　涌浪机

（3）叶轮增氧机：叶轮增氧机的消层作用不如涌浪机，但具有机械增氧和促进水体流转的双重作用。所以，叶轮增氧机晴天白天可作为消层器使用，促进水体流转而提高光合作用效率。阴天、夜间池塘缺氧时可作为机械增氧机进行增氧，因此，叶轮增氧剂是池塘养殖最常见的增氧设备之一。但是，值得注意的是，叶轮增氧机启动后，池塘溶解氧浓度会先下降，然后再上升。因此，使用叶轮增氧机时不能等到严重缺氧再启动，必须在溶解氧降低到鱼虾临界缺氧前启动。

5. 改底控制　藻类每天都在光合作用，每天都在生长。必然连续不断地消耗水体中的营养素。氮、磷可来自每天投入的饲料，二氧化碳可来自鱼虾的呼吸和大气的补充，但是，一些微量营养素却不一定能得到连续提供。因此，这些微量营养素会越来越少。

藻类吸收这些微量营养素后，只有很少一部分被沉积在终极生产力的产品——滤食性鱼类的肌体中，大部分作为有机矿物随着粪便沉淀到池塘的底部。

池塘底泥中的微生物将这些有机矿物进一步分解为无机矿物，对于一些变价元素，在有氧状态下是氧化态，在无氧状态下是还原态。

底泥中的这些被微生物矿化的微量营养素只有非常小的一部分能扩散到

池塘水体中供应藻类再次利用，大部分滞留在淤泥中。因此，随着光合作用的进行，水体中微量营养素（主要是微量元素）就这样源源不断地随着食物链转移到淤泥中。这也是为什么"塘泥"种花种菜很好的原因。

随着养殖密度的提高，藻类的周转速度加快，更容易导致水体的微量元素的缺乏。因此，必须采取一定的手段促进这些滞留在底泥中的微量元素回到水体里面，重新进入池塘光合自养生态循环中。否则池塘水体就会因微量元素的缺乏导致藻类种群发生更替或老化甚至倒藻。

因此，科学合理底泥管理是藻类生态生态系统稳定的关键。所谓"养鱼先养水、养水先养泥"就是这个道理。

第六节　池塘底部处理与控藻

池塘底部是池塘生态系统的重要组成之一。在生态结构上的特点是有机物质多而溶解氧少，尤其是在淤泥的内部。沉积在底部表面的有机物质被微生物矿化后，如果是不溶性矿物，就直接固定在淤泥表层，如果是可溶性矿物，则向上下两个方向扩散。

池塘底部既是藻类营养素的汇，又是藻类营养素的源。因此，池塘底部的科学管理，是池塘水质，尤其是藻类生态管理的重要手段。

在数千年的池塘养殖实践中，我国劳动人民总结了一套行之有效的底部管理措施。在传统池塘养殖区广东顺德、南海一带，养殖户有这么一句渔谚："刮一次鱼，长一次大头扁。"译成普通话，意思是说：拉一次网，鲢、鳙就长得快。通过拉网，搅动淤泥，促进泥水营养交换，不仅可以提高藻类的生长速度和光合作用效率，促进原生动物、浮游动物的生长，进而提高鲢、鳙的生长速度，提高氨氮的同化量，提高池塘的净化能力；还能由于微量营养素的补充，延缓藻类老化，稳定藻相。

20世纪80年代珠江三角洲的池塘四大家鱼养殖基本上是一到两个月拉一次网捕大留小，再补充起捕的鱼的种类的中小规格鱼种，其中主要是调整鲢和鳙，以调整滤食性鱼类的生物量。

拉网的另一个重要作用是淤泥中还原物质在拉网过程的搅动下与水体中的溶解氧接触而氧化，从而能够控制淤泥氧化还原电位范围，防止淤泥恶化，避免有毒有害的物质产生。此外，稳定淤泥电位，既可以稳定淤泥中的微生物生态，还可以提高淤泥中底栖生物的活性和生物量，进而提高淤泥净化功能，进一步提高微量元素的周转速度，再次促进藻相稳定。

拉网或拉链的作用是搅动淤泥，起到沉淀物再悬浮、还原物再氧化、释放营养素、稳定氧化还原电位的作用。所以，任何能搅动淤泥，使沉淀物再悬浮的手段，都能达到与拉网相同的目的——促进藻类生态稳定和提高池塘物质循环效率（彩图20）。

池塘底部是池塘生态系统中有机物质的接纳者，或者说，是氧债的汇。因此，底质管理除了搅动、再悬浮之外，合理转移这些氧债和过剩的营养盐可以提高池塘生态系统的承载能力和稳定性。

前面介绍过我国劳动人民数千年的池塘养殖实践总结出来的一些非常简单并且有效的经验与方法：

（1）干塘清塘晒塘：还氧债和清除多余氧债、补充化学氧库、修复池塘底部环境条件；

（2）撒石灰：改良底部土壤质地、调节土壤参数、促进底部土壤有机物质分解，调节生产力；

（3）拉网：搅动底部淤泥、稳定底部生态、促进泥水营养交换、提高光合生物链周转速度、加速氮、碳同化和稳定藻相；

（4）轮捕轮放：调整池塘载鱼量、维持合理的饲料输入量、控制藻类消费者生物量以维持藻类生产力与池塘污染率之间的平衡；

（5）此外，还有一个高招：摛泥。

摛泥，一种几乎被遗忘的池塘底部管理手段。所谓摛泥，就是在天气晴朗的日子里（池塘表层溶解氧饱和以后），划条小船，用一种竹编的特制的工具，将池塘底部的淤泥捞到船上。捞上来的淤泥一般作为基岸上植物（一般有桑树、甘蔗、蔬菜或象草等）的肥料。

拉网搅动底泥或摛泥的确是一件辛苦而重体力的活儿，别说不是一般老弱病残的人干的事情，就是当今的年轻人也未必干得来。国内曾有一种设备比较接近可以替代这一功能，那就是"远控吸入式水下清淤机"（2005年笔者曾买过一台，改装成喷泥机，在鳗池塘试用，翻底效果不错，但老板怕鳗会被吸进去，没坚持使用，后被福州一家环保公司拿去河道疏浚）。2014年通威公司买了两台，分别在江苏大丰和成都用该机器进行池塘带水底部处理，操作情况如图12-6所示。

（a） （b） （c）

图 12-6　远控吸入式水下清淤机
（a）设备外观　　（b）机器在岸上行走　　（c）机器在池塘里工作

　　如果在池塘的岸上用可过滤水的材料（如彩条布）做一个池，在机器的喷泥口接一条管道，将带水的淤泥输送到彩条布池里（可输送 200 米），让水滤回池塘，就是名副其实的机械摘泥了。

　　该设备主要用于河道清淤，也可以用于平时池塘"摘泥"和池塘底部搅动。大丰使用的情况表明，池塘进水后用该设备搅底，可快速释放底部营养素并促进藻类生长。据成都通威科技公司反映，该设备在养殖鲤的池塘使用，对改善池塘水质，尤其是藻相的控制，效果挺好。

　　当然，该设备原本只是一台水下清淤机，在池塘中作为底部管理设备还有些不尽如人意之处：①机器过于笨重和庞大，动力要求高（三相 11 千瓦），灵活度太低；②由于动力系统和控制系统都必须由电缆连接，容易缠绕，操作不是很方便；③设备的吸力很大，只能用于草鱼、鲤、鲫、等反应灵敏的鱼类池塘，估计不适用于对虾池塘。

　　如果能生产一款低能耗、小体积、蓄电池驱动、完全无线遥控的底泥管理设备，应该对池塘养殖会有很大贡献。

　　池塘底部搅动和沉淀物再悬浮除了人工物理方法之外，还可以采用生物搅动，就是合理混养一些底栖鱼类。

　　传统池塘养殖用于搅动底部淤泥的鱼类是鲮、鲫、鲤等，在咸淡水池塘中，鲻（南方尤其是香港地区也称乌头）。近年在养殖对虾的池塘中，也常见黄骨鱼甚至鲇鱼（俗称塘虱鱼）。

第十三章　蓝藻水华

第一节　蓝藻水华的本质

　　暴发蓝藻是池塘养殖的噩梦，每年因蓝藻暴发导致的损失是难以估量的。可以说，藻类控制的第一关键是如何避免蓝藻暴发。其实，一般养殖人员所说的蓝藻暴发在学术上应称为"蓝藻水华"，其关键问题是"水华"。

　　水华（Algae bloom），是指淡水水体中藻类短期内大量繁殖、老化、大量积累于水面的一种自然生态现象。池塘水华的出现表明藻类生态系统失衡、水体富营养化、自净能力降低或丧失、池塘生态系统恶化甚至崩溃。

　　蓝藻是最原始、最古老的藻类，据考证，蓝藻大约在 34 亿年前就已经在地球上出现，并能进行光合自养。近年来研究发现蓝藻没有细胞核、色素体、线粒体及内质网，且其细胞壁的主要组成也是黏肽，这些都与细菌相似，被归入原核生物，称为蓝细菌。

　　蓝藻本身没有多少危害，蓝藻老化形成水华才有危害。蓝藻形成水华时，蓝藻已经处于濒死状态，一方面将严重抑制浮游植物利用光合作用产生氧气，另一方面也阻隔空气中的氧进入水体，导致水体中溶解氧严重不足。长时间出现缺氧或亚缺氧状态，会使水体持续恶化，进一步破坏水质，水生生物窒息而亡，造成生态失衡。而最为严重的问题是，某些有毒蓝藻死亡释放大量的藻毒素，使养殖动物暴发病害或中毒死亡！

　　养殖户需要明白的一点是，蓝藻水华的出现是水质恶化的结果，不是水质恶化的原因！当然，蓝藻的暴发也加速了池塘生态系统的恶化，尤其是老化、死亡的蓝藻释放的藻毒素对所有养殖动物都有剧毒。因此，应该从源头上防止蓝藻水华的出现（不要让水质恶化），而不是纠缠于蓝藻水华用什么药物能处理（没有一种药物能处理恶化的水质）。一旦出现蓝藻水华，不是杀了蓝藻就可以了，而是必须重建池塘生态系统。

　　虽然目前蓝藻水华大多归咎于水体的氮、磷和有机污染，但在池塘养殖过程中蓝藻水华的出现也不尽是富营养化所造成的。有些水质属性本身就更容易生长蓝藻，但只要蓝藻不老化，不形成水华，不产生藻毒素，池塘中蓝藻数量的多少并没有任何问题。想控制好蓝藻，避免老化和形成水华，必须了解蓝藻的特性。

第二节　蓝藻的生物学特性

蓝藻水华是池塘水质恶化的最终表现，也就是说，在池塘生态环境恶化的过程中，蓝藻逐渐占了上风，单藻独大并最后导致自身老化和崩溃。

在许多物种由于环境恶化而灭绝的今天，为什么这种古老、原始的蓝藻反而生长得更加疯狂？这必须从容易形成水华的蓝藻的生物学特性去寻找答案。

（1）拥有碳酸酐酶，一种催化碳酸氢根分解为二氧化碳和水的酶：

$HCO_3 \rightarrow CO_2 + H_2O$

在水产养殖 pH 范围内，水体中溶解的无机碳（DIC：$CO_2 + HCO_3^- + CO_3^{2-}$）的主要形态是 HCO_3^-，占 DIC 的 90% 以上。因而碳酸酐酶赋予蓝藻极高的二氧化碳亲和力，只要水体中有那么一丁点 DIC，蓝藻都能以接近100% 的最高速度进行光合作用。

（2）完善的光氧化保护系统。当水体中无机碳不足，不能满足卡尔文循环的暗反应时，暗反应酶系中的戊酮糖-1,5-二磷酸羧化酶就会转变成加氧酶，催化 1,5-二磷酸戊酮糖氧化并裂解成磷酸甘油酸和磷酸乙醛酸，经一系列代谢后产生具有很强细胞毒性的过氧化氢。如果没有完善的保护系统，藻类就会因过氧化氢中毒而死亡。而蓝藻已经进化出完善的光氧化保护系统，因而赋予蓝藻具有强大的抗逆境的生存能力。

（3）具固氮酶系。固氮酶系赋予蓝藻在氮、磷、钾失衡的条件下具有正常的生长能力。尽管正常池塘环境下氮源并不缺乏，但在晴朗天气条件下，有可能出现局部氮源缺乏的现象，特别是藻类密度大、透光层浅的静水池塘。

（4）具伪空泡。伪空泡可调节藻类在水体中浮力，在上午太阳出来之后，蓝藻可借助伪空泡的浮力作用快速上升到最佳光合作用光照强度的位置，有利于争夺光源。

（5）个体微小。生物个体体积越小，比表面积越大，对水体中各种营养素的吸收能力也越强，特别是在水体微量元素低于临界浓度的情况下，许多个体体积大、比表面积小的藻类就失去了竞争能力，无法生存和生长。

（6）藻毒素。某些蓝藻处于不良环境下还会分泌藻毒素，不仅毒死滤食性生物，避免被摄食，而且还抑制其他藻类繁殖和生长，从而独占资源。大量繁殖的结果导致池塘生态系统物质周转中断，自身老化死亡。

第三节　蓝藻易水华

池塘养殖过程中，如果饲料投入量大于池塘自净能力，必然引起池塘水体逐渐富营养化，可以说，绝大多数池塘水体养殖中后期都处于"营养过剩"状态。此外，饲料的营养组成是根据养殖对象设计的，不是根据池塘生态系统中健康藻类组成设计的，因此，对于池塘生态而言，水体的营养组成又往往处于不平衡状态。

根据蓝藻的生物学特征，在"营养过剩"和"营养不平衡"条件下，蓝藻具有独特的生存生长优势。环境越是恶劣，蓝藻就越有优势。所以，如果池塘管理者不能很好地解决这两个问题，池塘滋生蓝藻就不可避免。

滋生蓝藻对池塘养殖的危害不仅仅是加速了养殖水体的老化速度、形成水华、阻断光合作用和隔绝空气中的氧向池塘水体扩散，大量死亡藻类的分解引起池塘严重缺氧、产生藻毒素和还原性毒性物质（如硫化氢）。

其实，只要蓝藻滋生，即使池塘生态还没演化到水华形成，池塘生态系统还处于"正常"的情况下，蓝藻的危害已经开始了。蓝藻在生长过程中会合成一些致嗅物质〔如引起土臭味的土臭素（Geosmim）和 2-甲基异 2-莰醇（MIB），以及引起泥腥味的 2，4-庚二烯醛、2，4-癸二烯醛、2，6-壬二烯醛、2-辛烯醛、庚醛、己醛、壬醛等〕在体内积累或分泌到水体中。鱼类摄食或接触这些物质就会产生比较强烈的异味——"泥腥味"或"鱼腥味"。

每年由于蓝藻引起异味而导致水产品质量降低甚至不能出塘（特别是加工成肉片的鱼类，如罗非鱼、叉尾鮰等）所造成的经济损失也许比由于蓝藻导致水质恶化所造成的损失更严重。所以，控制蓝藻的滋生远比控制蓝藻水华更为重要。当然，控制蓝藻滋生自然也就能够避免蓝藻水华。怎么样才能避免滋生蓝藻？必须也只需破坏蓝藻具有优势的那些环境条件，使蓝藻不具任何优势，自然就能够维持池塘生态系统中藻类组成的多样性。

第四节　藻类平衡

　　池塘作为一个开放系统，其生态系统中包括藻类在内的生物组成是物竞天择的结果，谁适应，谁生存。因此，所谓的生态养殖，就是通过对环境条件的调节，达到抑制某些"有害生物"的生长，促进某些"有益生物"的生长，以维持池塘生态系统处于一个相对健康而稳定的状态。

　　但是，养殖户和水产工作者必须明白，所谓"有益藻"或"有害藻"是相对的。"生态"的本质是平衡，在一个平衡的生态系统里，任何生物的存在都是合理的，没有一种藻类叫"有益藻"，也没有一种藻类叫"有害藻"。

　　如果一个生态系统失去平衡，也就是说，某些藻类越来越多，而某些藻类越来越少。那些越来越多的藻类，多到一定程度就会引起麻烦（如蓝藻），我们就希望控制它们，杀掉它们，这种藻类，我们就称为"有害藻类"；而那些越来越少的藻类，我们总希望它们多一些，甚至通过人为添加来提高它们的生物量，这种藻类（如小球藻），我们称为"有益藻类"。所以，对于一个具体池塘，一种藻类是"有害"还是"有益"，取决于它在生态系统中是"过剩"还是"不足"。

　　凡是搞生态养殖的人，都必须明白这一点，只要"平衡"，就没有好坏之分。所以，池塘中没有一种藻类是"多多益善"的"有益藻"，任何藻类，一旦大量繁殖、失控，都会引起水华，都可能造成池塘生态系统瘫痪，都是有害的；同样，池塘中也没有一种必须彻底"清除干净"的"有害藻"，哪怕是蓝藻，只要它平衡，"不捣乱"，都是正常而健康的。

　　此外，生态的"平衡"是相对的，"不平衡"是绝对的。对于出现过多的藻类，上策是通过生态条件调节，使之失去优势而降低数量，回到平衡状态，这就是日常"水质调节"的任务。如果我们采用"药物杀灭"的方法而没有改变环境条件，药效过后长出来的还是这些藻类。一方面，可能由于药物对其他本来就不具备优势的藻类的伤害，使它们更加失去生存竞争能力；另一方面，想杀掉的藻类也会逐渐产生对化学杀藻药物产生抗药性。其结果就是越杀"有害藻类"就越多。

第五节　蓝藻水华与碱度提高

　　弄懂了蓝藻的生物学特点，我们就可以根据这些特点，来削弱蓝藻的生存生长优势。

蓝藻的最大优势是碳酸酐酶。由于在池塘养殖水体的 pH 范围内，溶解的无机碳主要是碳酸氢根。当水体的总碱度低时，水体中可供应的二氧化碳非常有限，这才赋予蓝藻的生存生长优势。

一般来说，蓝藻水华多见于"富营养化"水体，但我们也经常发现一些池塘，尽管水体看上去很"清瘦"，水中藻类密度也低，但主要是蓝藻，往往还能看到表面一层很薄很薄的蓝藻水华——老化的蓝藻。这种水体是前面提到过的 D 区的水体——低碱度、低硬度的水体。

有人会问既然蓝藻可以在低碱度的水体中以很高的速度进行光合作用，为什么这种很难"肥"起来？这是因为虽然蓝藻可以快速光合作用，但水体中的 DIC 很少，只要一出太阳，水体由于碱度低，所储存的少量 DIC 很快被用完，光合作用的总量很少，所以，这种类型的水很难"肥水"。

根据藻类 $k_{0.5}$（DIC）（藻类的二氧化碳亲和力）的图示（图 12 - 2），我们不难看出，当总碱度从碳酸钙 10 毫克/升提高到碳酸钙 100 毫克/升时，二氧化碳亲和力很高的藻类（蓝藻）光合作用速度只提高了一点点，而亲和力低的藻类的光合作用速度则得到大幅度提高。

也就是说，提高总碱度，蓝藻拥有碳酸酐酶从而对二氧化碳具有极高亲和力的优势就没有作用了。水体二氧化碳供应充裕，有利于提高藻类种群的多样性。具体方法就是使用生石灰、碳酸钙镁（D 区）或碳酸钠、碳酸氢钠（B 区）。

当然，提高总碱度可以提高各种藻类的光合作用速度，意味着这种水体很容易培藻。这又可能出现新的问题：大量藻类的快速光合作用，导致局部出现包括二氧化碳在内的营养素缺乏。

第六节　水体流转

一般认为在高温、静水、透明度低、光照强或磷高氮低的情况下容易暴发蓝藻水华。如果这些条件叠加起来就更容易暴发蓝藻水华。

高温：水体容易分层；静水：营养素不易扩散、水体容易分层；透明度低：藻类密度高、受光深度浅、营养消耗快而可供应营养素的水体范围小；光照强：藻类营养素消耗快而表层水温高，水体容易分层，长期强光容易导致光氧化；高磷低氮：蓝藻可固氮。

尽管整个水体各种营养素含量都比较合适，可是一旦分层，太阳出来不久，局部营养素很快就被消耗，特别是提高碱度之后，所有藻类的光合作用速度都有不同程度的提高，必然导致局部营养素缺乏，此时蓝藻的高二氧化碳亲和力、比表面积大、具固氮酶系、抗光氧化等优势全部得到发挥，其他藻类无法生长，只剩下蓝藻可以持续生长。

例如，池塘水体深度 200 厘米，而透明度只有 20 厘米（光补偿深度 40厘米），一旦分层，可利用的有效营养素只有 40/200＝20%。虽然池塘整体藻类营养素丰富，但只要出现分层，就可能发生局部营养素缺乏。

因此，只有保证光合作用期间表层各种营养素的持续供应，才能使各种藻类得以可持续生长，从而避免蓝藻一藻独大。所以，采用机械手段"消层"，使底层的营养素连续不断向表层提供，同时使具伪空泡占据表层的蓝藻能被水流带到底层，让所有藻类都获得同等的光照条件，才能避免蓝藻暴发。

具体方法是在晴天光合作用强烈时采用叶轮增氧机、涌浪机、耕水机等一切可以"消层"的设施，促进水体上下流转，持续不断地将营养素缺乏的表层水打到底层，将底部营养素丰富的底层水打到表层。这样，不仅可以避免蓝藻暴发，还能够大幅度提高整个水体的光合作用效率，提高池塘的承载能力。

提高总碱度、促进水体流转，可非常有效地提高池塘的光合作用效率，加速藻类的生长速度。当然，也加速了池塘水体中的微量元素向池塘底部沉淀物转移与沉积，加速了池塘水体微量元素耗竭的速度，产生了新的问题。

第七节　底部搅动

池塘底部是水体中微量元素的汇。当我们提高水体的总碱度，并通过水体流转持续不断地为光照层的藻类提供各种营养素时，池塘藻类能够保持多样性并在整个光照期间保持比较高效的光合作用。因此，整个池塘水体中的微量元素的消耗速度加快，并随着死亡的藻类以及食物链汇集到池塘底部，随着时间的延长，池塘水体中的微量元素就会越来越少，导致蓝藻的优势得以发挥，最终出现蓝藻水华。

因此，通过合理的机械手段处理，提高底部微量元素的释放并回到池塘水体中持续供给藻类光合作用与生长，才能避免蓝藻的暴发与水华的出现。具体的方法是搅动底部淤泥或沉淀物，促进泥水营养交换，提高淤泥生物活性，加速有机物质的矿化和微量元素的释放，将微量元素的汇转化为微量元素的源，从而保持整个池塘的微量元素的循环与周转处于比较高的水平，进而维持池塘生态系统和藻类组成的稳定。

底部搅动的具体方法包括拉网、捂泥或喷泥等，或钢丝绳、铁链等一切能使底部沉淀物再悬浮的手段都可以。在古老的养鱼经里，还有赶水牛到池塘里搅泥的做法。

底泥中含有大量的氧债，因此，搅动底泥是一种技术活，操作时机的选择很重要。一般来讲，池塘底部的搅动要求从养殖一开始就进行，以避免氧债过多。如果长时间未曾搅动，大量的氧债释放有可能导致不良后果。底部搅动必须在池塘水体溶解氧充足并且有光合作用可不断补充溶解氧的条件下进行，也就是在晴天的中午才能实施底部搅动。

科学的底部搅动应该包含两个方面的量化问题：一是所释放的氧债不能超过池塘水体溶解氧的供应能力以避免引起缺氧而造成不必要的损失；二是所释放的微量元素能够满足两次搅动之间藻类生长的需要。

有人担心底部搅动会将有毒有害物质和病原生物带入水体而对养殖动物不利。其实，只要规范操作，这种担心就是多余的，恰恰相反，搅动底部具有"消毒、灭菌、杀虫"的作用。氧化还原性物质并防止硫化氢产生，消除毒性物质的积累是谓消毒；将厌氧和兼性厌氧病原微生物暴露于高溶解氧水环境中自然死亡是谓灭菌；让寄生虫卵提前在不该萌发的季节萌发而杀灭是谓杀虫。

提高碱度、促进水体流转、搅动底部加速微量元素的周转，为各种藻类的持续高效光合作用提供了有利条件，必然大幅度提高初级生产力。但是，如果次级生产力，即藻类的消费速度跟不上藻类的繁殖速度，必然引起藻类过剩，池塘生态系统还会出问题。

第八节　提高次级生产力与轮捕轮放

初级生产力与次级生产力之间需要相互匹配，生态系统才能处于相对稳定的状态。因此，实行蓝藻水华生态控制的方案中，次级生产力必须与初级生产力同时提高。即池塘从一开始就必须配套与初级生产力相适应的滤食性鱼类（鲢和鳙）的生物量，不是简单数量上的增加，而是规格上的配套，以维持持续、高效的光合作用、快速的藻类生长繁殖与消费之间的平衡。

传统上描述"好水"的所谓"肥、活、嫩、爽"中的"嫩"，即未老，也就是说，藻类的周转率越高，也就越嫩。要维持池塘藻类生态系统稳定，首先是数量上要保持相对稳定，即每天藻类的消费量要大致等于藻类的生产量；其次是所有的藻类寿命周期不能太长。国外利用藻类、鲢和罗非鱼作为肉食性鱼类养殖水体净化系统时，认为藻类的平均寿命为三天左右最好。如何根据这两个原则去设计次级生产力生物量，还有待于探讨。

同样的道理，高效的初级生产力必然导致次级生产力，即滤食性鱼类生物量的快速增加（生长速度快）。但是，尽管初级生产力效率提高，但并不能不断增加绝对量，因此，对于快速增长的次级生产力必须给予适当控制，以维持生态平衡。具体操作方法就是轮捕轮放，捕大留小，补充数量（图 13-1）。

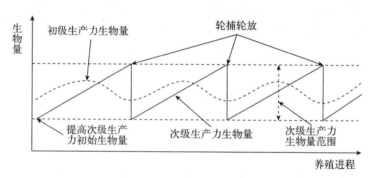

图 13-1　初级生产力生物量与次级生产力生物量

由于初级生产力与次级生产力之间的平衡是相对的，即初级生产力由太阳辐射强度和水体总碱度所决定，随时间的变化比较小，而次级生产力的生物量则随着时间在不断持续增加（滤食性鱼类不断长大）。因此，当次级生产力大于初级生产力时，可以采取捕捞加以控制，但如果次级生产力还不能跟上初级生产力时，就必须采取强制消费的手段加以处理。

强制消费最好的办法就是前面介绍过的物理方法——电光杀藻，强制循环。就如草坪上的草一样，当牛羊的生物量不足以消费掉生长出来的草时，必须部分采取人工收割，以免老化。

第九节　控制蓝藻水华四部曲

池塘生态系统中的每一个环节之间都是密切关联的。蓝藻水华控制四部曲——提高碱度、水体流转、搅动底部和轮捕轮放，是环环相扣的，牵一发而动全身（图13-2）。如果将这四部曲联系在一起，我们可以发现，这是一个高效光合作用系统！

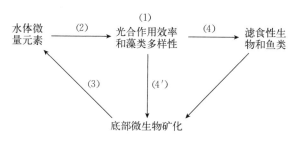

图13-2　池塘藻类生态与物质循环

前面说过，蓝藻水华是池塘生态系统恶化的一种外观表象，也就是说，任何水质恶化，都有可能以蓝藻水华的形式表现出来。所以，从本质上讲，只要池塘生态系统平衡、健康，自然就不会发生任何水华了。

（1）提高碱度。碱度低的水体生产力低，饲料承载能力低（净化能力小），水体容易污染，也就容易恶化。产生蓝藻水华的概率自然也就高。这是水质属性本身的缺陷。所以，通过提高总碱度，矫正水质属性，是控制蓝藻水华的基础，也是高产、高效生态养殖的基础。

（2）水体流转。提高水体碱度必然大幅度提高藻类组成的多样性和各种藻类的光合作用效率，藻类密度提高的同时也导致水体透明度降低，表层有效营养素随着透明度的降低而减少，反过来加速水体局部营养素的缺乏。因此，通过强化水体流转，确保光照补偿水体微量元素和光合作用所需要的各种营养素的连续持续补充，使得池塘在整个光照期间都能保持高效光合作用。从而进一步提高了池塘的总生产力和生态系统的稳定性，避免了蓝藻优势的发挥和太阳辐射的浪费。

（3）搅动底部。整个池塘初级生产力的大幅度提高必然带来池塘水体微量营养素的快速减少，进而导致高效光合作用不可持续。因此，必须从池塘的"营养库"——底部沉积物里"调用"微量营养素。另外，藻类吸收微量元素后变成了藻类的组成成分，最后死亡沉淀或通过食物链的粪便回到池塘底部的营养库里。所以，通过搅动池塘底部，一方面提高底部微生物活性促进微量元素的矿化速度，另一方面加速微量元素的释放，以满足池塘水体中藻类高效光合作用的需要，避免由于微量营养的短缺引起生态系统恶化而导致蓝藻水华的出现。

（4）轮捕轮放。通过碱度的提高、水体流转和底部搅动，使得池塘藻类的初级生产力大幅度提高，意味着藻类的生物量也会大幅度提高，因此，藻类的生物量消费——物质的循环与转移也必须同步提高，否则生态系统会因为大量藻类生物量的积累而快速失衡和老化，形成水华。所以，前期必须提高次级生产力的生物量以平衡初级生产力的生物量；同时，高效的初级生产力也会促进次级生产力生物量的快速增加（即鲢、鳙的快速生长），快速增加的次级生产力生物量反过来导致生态失衡，必须加以控制。即通过轮捕轮放将池塘次级生产力的生物量控制在与初级生产力相适应的水平上。如果次级生产力的生物量跟不上，则采用物理方法强制消费。

总而言之，蓝藻水华的控制本质上是维持生态系统的高效光合作用与初级生产力和次级生产力生物量相对平衡的状态，从而提高池塘生态系统的生态效率与稳定。这是一个系统工程，环环相扣，没有任何一种单一的手段可以解决所有生态问题。不要相信世界上有一种灵丹妙药可以彻底解决蓝藻水华的问题。任何通过药物杀灭蓝藻来控制水华的手段都只能是饮鸩止渴！

第十四章　虾苗那点事儿

第一节　"EMS"、成活率低、长不大之谜

南美白对虾"EMS"、成活率低、长不大，是目前对虾养殖中常见的现象，导致养殖场与种苗场之间互不信任、相互指责。最常见的是养殖场舍近求远，而不用附近种苗场的虾苗。养殖场买来的虾苗成活率低、养不大甚至早期全军覆没是事实，而种苗场同一批苗在其他养殖场养得很好也是事实。

我们曾经怀疑"种质退化""饲料质量差""环境恶化"等各种因素，并在各个环节中相互猜疑。平心而论，二十几年的亲本选育，越选越糟糕的可能性很小，专业而规范的育苗流程，种苗质量越来越差完全不可能；二十几年的对虾营养需求研究和饲料研究，饲料越做越差也似乎说不过去；至于养殖环境恶化，我们相信养殖户池塘处理的流程也不会有太多的问题。那么，问题出在哪里？

当然，南美白对虾养殖失败的原因很多。但是，以上这些现象的根源至少有相当一部分可能在于种苗包装、运输、放苗所引起的应激。我们虽然按常规规范操作，但当今的虾苗已经不同以往了，当今的对虾生长速度快，新陈代谢速率高，组织器官娇嫩。在种苗包装、运输和放苗过程中出了新问题——娇弱的"一代苗"承受不了传统操作规程中所产生的应激。

虾苗在包装、运输、放苗过程中承受的应激有：高压应激、高氧应激、减压应激、温度应激、盐度应激、pH应激、氨氮应激、离子应激，等等。而我们传统操作上，只关注盐度和温度应激对于当今的"一代苗"恐怕是远远不够的。因此，一招不慎，全盘皆输。必须进一步研究虾苗在包装、运输和放苗中所产生的这些应激对南美白对虾生存、生长的影响。或许，我们可以部分解开南美白对虾"EMS"、成活率低、长不大之谜。

第二节　一代苗之殇

所谓一代苗，是指国外最新选育的亲本，在我国产下第一子代，称为一代苗。如果将一代苗养成的成虾再作为亲虾培育，所产下的苗称为二代苗或土苗。

国外许多对虾育种单位从天然海域或人工养殖的南美白对虾中，通过高科技手段选择出许多具有特定性能南美白对虾，并对这些对虾进行遗传鉴定。然后通过各种科学搭配组合，从中挑选出具有目标特征或性能（如生长快、个体大或抗病、抗逆等）的子代，作为种虾。

这种通过不同遗传型、各具优势性能的南美白对虾的科学组合与搭配，能够产生相当理想的杂交优势，正常情况下比普通纯种南美白对虾具有高得多得多的生长速度。

大家都明白，杂交"选育"是包含了两个阶段：首先是选择携带不同优良形状遗传基因的亲本进行杂交，产下杂交子代；其次将这些杂交后形成的各种遗传基因组合的子代在给定的环境条件下养殖，根据目标性能（如生长速度、抗病抗逆，等等）进行择优录取。

因此，环境是"选育"的基本条件，对选育结果有着十分重要的影响。因为同种遗传基因型在不同的环境下会有不同的表现型。即环境条件会在很大程度上影响遗传基因的表达。也就是说，在某个特定环境中具有良好生产性能的遗传基因型，换一种环境未必能得到充分表达和体现。

说白了，只有子代的养殖环境条件与亲本选育的环境条件相一致，杂交优势才能充分表达，才有良好的生产性能，如果不一致，就可能出现"水土不服"，达不到预期的养殖效果。

目前我国南美白对虾这种"进口亲虾，生产一代苗"的模式，就存在着"亲本选育环境"与"子代养殖环境"脱节的问题。纵观这些年来的养殖效果，一代苗养殖的生产性能出现了一种分化趋势——好的越来越好（遗传性能得到充分表达），差的越来越差（严重水土不服）。

随着国外选育的不断深化、虽然亲本遗传组合优势越来越好，生产性能越来越高（或生长速度越来越快），但一代苗对养殖环境的要求也将会越来越苛刻，养殖成功率也将可能越来越低（即两极分化越来越严重）！因此，我国如果不痛下决心，早日进行本土选育，不仅种质资源掌握在别人的手上，这种"亲本选育环境"与"子代养殖环境"相脱节的经营运作模式，迟早会令我国的南美白对虾养殖业付出血的代价……

第三节 土苗的末日

近期，笔者到山东沿海考察调研，一个最显著的现象是各种规模的"土苗"育苗场，一片萧条，纷纷关停并转。

所谓"土苗"，是指从商品成虾养殖的对虾中挑选一定质量的个体作为亲本再进行繁殖的虾苗，或称二代苗甚至 N 代苗。

在南美白对虾养殖的早期，土苗对我国南美白对虾养殖的普及和推广起了很大的作用，如果没有大量的土苗供应，我国南美白对虾养殖不可能如雨后春笋一样在全国大江南北迅速开花结果。

而近年来，随着一代苗的推广，供应能力的提高，土苗逐渐失去了市场。一方面，一代苗供不应求，挤破门槛；另一方面，土苗完全滞销，生意惨淡。尽管土苗便宜（2017 年名牌苗场一代苗高达 300 元/万只以上，而土苗甚至低至 20 元/万只以下），许多养殖户还是宁可空着池塘等待一代苗，也不愿意投放土苗。

据反映，近年来土苗基本长不大，生长性能实在太差。尽管土苗生产厂家用尽全力，下尽血本，都无法改变这一事实。

土苗生产是一种短平快的"生意"模式，不需要代价高昂的种质选育甚至保种，直接从成虾养殖场挑选再简单加以强化培育。因而成本很低，价格优势明显，从业者无不赚得不清不楚，盆满钵满。

在早期，由于南美白对虾亲本野性比较大，选育强度不高，基因相对比较"单纯"，因而子代的"退化"不是太明显。如果生产者没有"偷工减料"（如少用丰年虫）或"非正常手段"（如提高育苗温度、大量使用抗生素），其实虾苗的质量与进口亲虾还是相当接近。

但现在，尽管不少土苗生产者下足功夫，虾苗的生产性能不行就是不行。普遍认为"种质退化"严重。这是因为，一代苗的"祖先"都是遗传上有缺陷的"非正常"亲本，而一代苗之所以生长性能"超强"，是因为"杂交优势"在起作用。如果土苗生产者采用一代苗作为亲本，由于子代遗传分化，生产性能必然严重衰退。

打个比方：只有聋人的视觉敏感度，才能超过正常人；只有盲人的听觉敏感度，才能超过正常人。要想培养一个视觉和听觉都超常的人，最好的手段是聋人与盲人配对，再从中优选。

所以，如果直接拿聋人和盲人的杂交后代选育出来的超常子代（一代苗）做亲本去生产土苗，由于遗传分化，其结果生产出来的都是一些"聋人"和"盲人"。而当今的一代苗，是由十几个，甚至几十个遗传上有"特点"的品系杂交而来，其后代一旦发生遗传分离，什么缺陷都可能再现。

这就是当今土苗的结局——没有保种、育种的短平快的后果。也是导致土苗走向末路的必然。土苗，这个曾经引领中国南美白对虾养殖风骚的行业，将慢慢淡出养虾人的视野。

第四节　应　　激

一、高压应激

所谓高压应激，就是在虾苗装入塑料袋后，充氧打包时，高压氧所形成的压力引起虾苗的应激。

一般情况下，种苗场打包时所用的氧气罐加压阀出口的压力大约为 0.5 兆帕，即 5 个大气压。在打包的时候，塑料袋总是鼓得胀胀的，说明具有一定的压力（彩图 21）。

1 个大气压相当于 10 米水的深度，如果打包时瞬间充气压力过大，就会对虾苗的各种脏器造成损伤。脏器受伤严重的虾苗可能就会死亡，即使轻度受伤也容易得病或生长缓慢。

虽然相对于其他应激而言，高压应激应该是最小的，但无论如何，都会给幼小的虾苗造成影响。

二、高氧应激

所谓高氧应激，就是水体溶解氧过高引起虾苗应激。虾苗在正常水环境中，溶解氧水平一般低于饱和状态，虾苗长期生活于该溶解氧的水平，体内氧和二氧化碳的转运以及各种代谢与环境溶解氧相适应。

大气中氧气的浓度为 21%，当打包后，水体上方的氧气浓度为 100%。充氧压力为 1 个大气压时水体中的溶解氧浓度为正常饱和度的 100%/21%，即 476.2%，如果不止 1 个大气压，水体中的溶解氧浓度还会更高。例如 1.5 个大气压时，溶解氧的浓度将达到 714.3%。例如，对于盐度为 10、温度为 20 ℃的包装水来说，充氧前水体溶解氧为 8.54 克/米^3，充氧压力为 1 个大气压时，水体中的溶解氧为 40.67 克/米^3，充氧压力为 1.5 个大气压时，溶解氧的浓度将达到 61.01 克/米^3。

我们知道，人吸入高氧空气后，轻者会引起"醉氧"，重者会引起"氧中毒"。进入体内的氧会产生氧自由基，氧自由基极为活跃，在体内到处流窜，攻击和杀死各种细胞，导致细胞和器官的代谢和功能障碍。

科学家研究发现，如果让人体进入 1 个大气压的纯氧环境中，超过 24 时就会发生氧中毒型肺炎，最后因呼吸衰竭而死。那么，虾苗呢？

三、酸碱应激

所谓酸碱应激，是指随着运输时间的延长，虾苗呼吸产生的二氧化碳溶解于包装水，水体中高浓度的二氧化碳影响虾苗血液中二氧化碳释放导致改变血液酸碱度而引起的应激。

"一代苗"的最大特点就是生长速度快，因此，虾苗的基础代谢速度必然也相对比较快，如果运输时间比较长，则呼吸所产生的二氧化碳将积累于包装袋中，由于二氧化碳的溶解度比较大，必然导致包装水体的 pH 大幅度降低，进一步造成血液二氧化碳滞留。在可以代偿的范围内，碳酸氢根离子与氢离子不断产生，此称为碳酸氢根离子代偿性升高，氢离子增多，也就导致呼吸性酸中毒。

运输时间越长或运输距离越远，酸碱应激就越严重。对于南美白对虾幼苗而言，水体中二氧化碳浓度达到什么浓度将引起酸中毒还不清楚，但高浓度二氧化碳必然引起一定程度的应激反应。

四、减压应激

减压应激是指水体中的气体压力短时间内降低导致虾苗体内液体中溶解

气体压力大于周围水环境气体压力所引起的应激。这种应激是所有应激中最容易引起南美白对虾苗伤害的应激，即引起南美白对虾的急性或慢性气泡病。

前面说过，充纯氧后，水体溶解氧浓度非常高，相对于开放系统而言，可达到百分之几百过饱和，如果没有适当的处理措施，直接快速打开包装袋，就会造成虾苗体内的氧气气化形成微气泡，引起急性或慢性气泡病。体内微小的气泡堵塞在虾苗的各种组织器官中，引起器官炎症，进而病变或感染其他病原，导致生长缓慢或甚至全军覆没。

因此，一旦以某个标准压力打包之后，运输距离越远，运输时间越长，包内氧气消耗就越多，压力也越小，打开后导致由于降压所引起的伤害也就越小。

减压应激目前还没有引起大多数虾苗场和养殖场的注意。我们可以发现，以虾苗场为中心，运输距离越短，减压应激越大，损失也越惨重，养殖效果越差。这就是大多数养殖户舍近求远、不愿意就近购买虾苗的原因。

五、温度应激

温度应激是指包装袋中水温与放养池塘水温差异，即虾苗在不同温度的水体中转移所引起的应激（彩图 22）。

鱼虾是变温动物，一般情况下肌体温度与环境温度相同。如果环境温度变化，肌体必须经过一系列的生理生化调节，尤其是细胞膜组成和结构调节，使细胞的新陈代谢，尤其是细胞膜的通透性与新的环境温度相适应。如果环境温度变化太快，鱼虾自身的生理生化调节跟不上，就会引起伤害，轻度应激引起"感冒"或"中暑"，重度应激引起休克甚至死亡。

南美白对虾虾苗对温度的变化虽然有一定的忍受范围，同温速度有一定要求，如果升温速度过快，就会死亡。无论如何，温度变化毕竟是一种应激，或多或少都会造成一定的伤害。

六、盐度应激

盐度应激指包装水和池塘水的盐度差导致虾苗各器官渗透压改变所引起的应激。

水生动物体内的渗透压与环境水体的渗透压不同，而这内外之间就隔着一层细胞膜。因此，动物的膜结构与水体的渗透压是相适应的，尤其是水代谢，不同盐度（渗透压）条件下膜的结构不同，水代谢的模式也不同。例如，在淡水中，由于动物体内的渗透压高于环境水体的渗透压，低渗透压的环境水会不断渗入动物体内，动物通过不断排尿来维持体内的渗透压。反过来，如果在高盐度水体中，由于环境渗透压高于体内，动物会不断失水，因此，动物必须不断喝水补充水分，并分泌盐分来保持体内的渗透压。

一旦环境盐度发生变化，动物必须调节膜结构和水代谢模式来适应新的环境盐度。如果盐度的变化速度超过动物的调节能力，动物就会受到伤害甚至死亡。

不同动物对盐度变化的适应能力不同。因此，对于虾苗而言，淡化过程必须控制在某种速度之内，或者环境盐度变化不能超过某个阈值，否则就可能受伤甚至死亡。

七、pH 应激

pH 应激指的是环境氢离子变化对虾苗造成的应激。同样，虾苗体内包括血液、组织液在内的体液有一定的 pH，动物通过调节细胞膜结构以维持体内 pH 的稳定。

当环境 pH 变化时，虾苗必须调整体内 pH 缓冲体系（主要是磷酸体系和碳酸体系）以维持体内体液的 pH。

在运输过程中，虾苗所呼吸出来的二氧化碳滞留在有限的空间里，导致水体中二氧化碳浓度升高，二氧化碳水合产生碳酸，使水体的 pH 降低。

例如，从福建诏安发的虾苗，经 10 小时的运输时间到珠海斗门区，包装袋内水体的 pH 从 8.6（水体的总碱度为碳酸钙 200 毫克/升）降低到 6.8。而池塘水体的 pH 为 8.5，此时直接将虾苗从包装袋转移到池塘水里，这种 pH 的激烈变化必然给虾苗带来一定的伤害。

关于虾苗可以在多大的 pH 范围内直接安全转移，目前还没有数据。运输时间越长，pH 降幅越大。一般养殖户的经验是养殖水体 pH 高影响成活率，pH 越高成活率越低。这与虾苗转移过程的 pH 降低不无关系。

八、氨氮应激

氨氮应激包括两个方面：一是随着运输时间的延长，虾苗在运输期间所产生的氨氮在包装水体中积累，引起环境氨氮浓度上升所造成的应激；二是虾苗从高氨氮的包装水体转入低氨氮的养殖水体所引起氨氮离子强度剧变所引起的应激。

氨氮是虾苗的有毒代谢物。南美白对虾生长速度快，新陈代谢的速度自然也快，所以，如果包装密度大、运输时间长，包装水中的氨氮浓度上升，必将直接给虾苗带来不良的影响。

包装袋中氨氮浓度高时，虾苗体内组织液和血液中的氨氮浓度也相应比较高。当虾苗从氨氮浓度高的包装袋直接转入氨氮低的养殖水体时，体内氨氮快速释放到养殖水体中。而氨离子从鳃组织转移到养殖水体中是依靠离子交换的。一个氨离子从血液转移到环境中时，会从环境水体转移相应的阳离子进入血液中。如果直接将包装袋中体内高氨氮的虾苗直接转入低氨氮的养殖水体，短时间内就会有大量环境阳离子通过离子交换进入虾苗血液，有可能引起虾苗一定的应激伤害。

2017 年，笔者曾有一批虾苗从海南运输到山东聊城，氨氮浓度从 0 克/米^3 上升到 5 克/米^3 以上。如果直接将虾苗从包装袋转入氨氮很低的养殖水体中，或多或少对虾苗存在一定的伤害。

九、离子应激

离子应激是指包装袋中水体的离子组成与养殖水体离子组成的差异所引起的应激。

不同水体之间大多数情况下尽管"盐度"相同，但离子组成有可能相差十万八千里！特别是南美白对虾苗的淡化。一般来说，苗场大多建在沿海地区，包装虾苗的水体一般是不同盐度的海水。但是，内陆用来淡化虾苗的"海水"往往是用盐卤、粗盐来调配的。因此，尽管承接虾苗的水体"盐度"与包装袋里的盐度一样，但其离子组成可能完全不同，尤其是钙镁比、钾钠比等，这些牵涉对虾膜代谢的离子对。

最典型的是对虾细胞膜上的钾钠泵，对环境的钾、钠离子比例有一定的敏感度。如果环境离子组成差异过大，一定会给虾苗带来不良影响。对于严重缺钾的水体，会导致南美白对虾全军覆没。

第五节　虾苗抗各种应激的能力

虽然各种应激对南美白对虾虾苗的影响大小不一，单一应激也不一定造成影响，但是如果这些"小应激"叠加在一起，就有可能导致不容忽视的后果。

任何给定的虾苗打包方式，都有一个最佳的打开时间。过早打开，容易导致减压应激，引起亚气泡病；太迟打开，会增加酸碱应激、氨氮应激，有时甚至缺氧应激。

虾苗从打包、运输到放苗共三个阶段，不同阶段产生的应激不同：①打包时产生的应激：高压应激、高氧应激；②运输期间随时间的延长产生的应激：酸碱应激、氨氮应激；③放苗阶段产生的应激有减压应激、温度应激、盐度应激、pH 应激、氨氮应激和离子应激。

如何通过科学、正确的包装、运输和放苗来化解这些应激，最根本的条件是对虾苗的基础代谢以及虾苗对各种应激的耐受能力有个基本的了解。如在给定的规格条件下，盐度差异不能超过多少？温度差异不能超过多少？pH差异不能超过多少？氨氮浓度不能大于多少？溶解氧浓度差异不能超过多少？只有了解这些基本参数，才能做到科学、正确的包装、运输和放苗，以将应激减少到最小。

以上这些问题，希望负责任的苗场能通过科学研究，找到科学的参数和制定合理的操作规程。例如，根据虾苗规格在给定的温度和盐度条件下的呼吸强度，按不同运输时间合理确定充氧量；根据虾苗的氮代谢强度和运输时间，合理确定包装密度。

或者，在给定打包条件下，苗种场能提供包内环境参数的预测值，如运输时间与包装内水体的氨氮、溶解氧、pH 等参数的可能范围，以便养殖户在放苗前有个基本了解并采取相应的措施。

当然，当我们了解了这些科学数据之后，我们可以根据苗场到用户养殖场之间的运输时间，量身定做地给出最佳的打包方案。

第六节　虾苗应激化解的建议

在目前没有科学数据的情况下，可以通过一些合理的操作来降低甚至化解这些应激。具体建议如下：

对于近距离汽车运送虾苗的养殖场，可采用敞开充气或充氧运输的方式，以避免高压应激、高氧应激和减压应激；对于运输时间较长的包装，通过提高水体的碱度以降低 pH 的变化幅度；通过降低密度来减少氨氮积累。

可以在打包水中添加氨氮吸附剂（如高性能沸石粉）和有机物吸附剂（如高碘值活性炭）来缓解氨氮和二氧化碳应激，具体用量根据吸附剂的性能、虾苗的代谢率和运输时间而定。

对于放苗阶段的各种应激，也可以通过合理操作逐一化解。我们在实际生产过程中采用如下具体操作规程，取得了一定的效果。

（1）打包运输的苗到养殖场后，先将包装袋放入水里，进行同温和"降压"。具体时间取决于实际情况。如果运输时间长，则以同温为目的，如果运输时间短，则以降压为目的。在不缺氧的情况下，溶解氧消耗得越低，产生亚气泡病的概率就越小。可通过观察，只要袋内的虾苗均匀分散，表明不缺氧，如果发现虾苗向液气界面集中，表明氧气已经消耗得差不多，应立即开袋。

（2）无论敞开式运输还是打包式运输，为了尽量减少包装水与池塘水的水质参数差异带来的各种应激，如 pH 应激、盐度应激、离子应激、氨氮应激，等等，不能将虾苗直接倒入池塘里，而是将虾苗倒入容器中。容器的大小应根据盐度差异来确定，以便在桶里加入池塘水后所形成的最终盐度落在虾苗安全范围内。并逐步增加曝气量，让 pH 逐步回升。检测 pH，待 pH 稳定或与池塘水体 pH 一致时进行下一步。

（3）在充气确保溶解氧浓度的情况下，慢慢向虾苗桶里加入池塘水，当温度、盐度、pH 等指标与池塘水体相近时或在虾苗的安全范围内，再将整桶虾苗倒入池塘或驯养池或淡化池。

实际案例：海南发到山东聊城的虾苗。先将包装袋放到调好盐度、温度的水泥池，经过 15 分钟的同温后倒入桶里，此时 pH 只有 6.7。微曝气 5 分钟开始检测溶解氧和 pH，10 分钟后 pH 从 6.7 上升到 7.0，溶解氧从 15.11

克/米^3 降低到 11.0 克/米^3；然后 30 分钟中度曝气，pH 从 7.0 上升到 7.9；再加大曝气 15 分钟，pH 从 7.9 上升到 8.1。再充气 5 分钟，pH 不变。然后开始慢慢往桶内加池水，加到满，历时 60 分钟，pH 达到 8.5，而池水的 pH 为 8.6，然后把虾苗倒入池中。整个放苗过程历时 140 分钟。几天养殖下来，据现场技术人员反映，效果比以往好很多。

第十五章　絮团养虾那些事儿

第一节　生物絮团的前世今生

生物絮团技术，Biofloc Technology，BFT。什么是生物絮团？简单来说，生物絮团就是由水中细菌、微藻以及原生动物附着于水体中的絮团而形成的团状物，附着物以细菌为主。这个高端、大气、上档次的名字是水产人的创意。因为这个技术，在其他领域早已存在，只是叫法不同而已：在污水处理行业里已经应用了 100 多年了，只不过不叫"Biofloc"，而叫"Biosludge"；在海洋生态学里叫"Marine-snow"；在传统水产养殖的教科书里叫"有机碎屑"（彩图 23、彩图 24）。

生物絮团养殖技术，还有各种不同叫法，如碳氮平衡技术、零换水技术。其实，可以这么认为，这种养殖技术的基本原理是碳氮平衡，手段是生物絮团，目标是零换水。也可以这么描述：生物絮团养殖技术是基于化学计量原理，用有机化合物做能源和蛋白质骨架，利用微生物（絮团）将水产养殖过程产生的氨氮转化为生物蛋白，实现零换水的一种水产养殖技术。

我们不妨把传统池塘养殖和生物絮团养殖做个比较：

① 功能生物：池塘养殖——藻类，生物絮团——细菌。

② 氮处理化学计量公式：

$$16NH_4^+ + 92CO_2 + 92H_2O + 14HCO_3^- + H_2PO_4^- \rightarrow C_{106}H_{264}O_{110}N_{16}P + 106O_2$$ （传统池塘养殖）

$$NH_4^+ + 7.08CH_2O + HCO_3^- + 2.06O_2 \rightarrow C_5H_7O_2N + 6.06H_2O + 3.07CO_2$$ （生物絮团养殖）

③ 没有两个池塘的藻类组成可以完全相同，同样，也没有两个养殖系统的生物絮团微生物组成可以完全相同。

④ 同一个传统池塘在整个养殖过程中藻类组成会发生演替，同样，同一个养殖系统里的生物絮团的微生物组成在整个养殖过程中也在不断演变。

⑤ 藻类之间一般不共生，不同藻类彼此出现的先后没有严格的必然顺序，但生物絮团微生物之间却存在着各种各样的共生关系，有些微生物在絮团中的出现却有严格的时间顺序，例如：氨化细菌→亚硝化细菌→硝化细菌。

⑥ 池塘建立藻类生态多样性很容易，几天就可以完成了；生物絮团建立微生物生态多样性不容易，需要比较漫长的时间。即使接种活性淤泥，一个污水处理厂运行调试成熟也需要 3～6 个月的时间。

在一个开放（非封闭、非无菌）环境、自然网罗外界微生物的条件下，决定一个微生物生态系统最终组成的主要因素包括：培养基组成、电位（溶解氧）、盐度和温度等。可以用一句话概括，即条件决定终点——系统的生物化学、物理等条件决定生态系统的最终结构组成。打个比方，如果建个沼气池，无论开始污染或接种什么细菌，最终只能形成生产沼气的微生物体系。

生物絮团是一个非常复杂、具备相对完善生物代谢机能的生态系统，一个相对成熟的生物絮团系统不是简单地由一种或几种细菌组成，而是包含着成百上千种功能各异又互相关联的微生物种类。影响生物絮团的微生物种群结构的因素有：

（1）饲料。饲料是生物絮团养殖系统最大宗的投入品，是构成生物絮团养殖系统中决定微生物种群的主要"培养基"的主体，是影响微生物组成主要因素之一。国外报道过的南美白对虾饲料蛋白质含量最高的是 68.8%。我国大多数饲料蛋白质含量一般在 40%。投入到养殖系统中的饲料蛋白氮只有四个去处：①转化为对虾蛋白氮；②转化为絮团蛋白氮（包括游离状态的细菌和藻类）；③遗留水体中的无机氮；④异化为气态的氮（离开养殖系统）。对于常规生物絮团养殖系统来说，投入到养殖系统中的蛋白氮主要以前两者的形式存在。也就是说，对于常规生物絮团技术体系来说，投入到养殖系统的饲料蛋白质，如果不转化为对虾蛋白质，最终会转化为絮团蛋白质，并且消耗碳源。

假设对虾蛋白质含量为 16%（湿基）、絮团蛋白质含量 0.81%（湿基）（絮团干物质含量约 1.8%、絮团干物质蛋白质含量约 45%），对于不同蛋白质含量和蛋白质效率的饲料，每生产 1 千克南美白对虾理论上会同时产生多少生物絮团？

当饲料蛋白质含量为 38%、蛋白质效率为 35% 时：每生产 1 千克对虾将产生 36.68 升生物絮团；

当饲料蛋白质含量为 38%、蛋白质效率为 40%时：每生产 1 千克对虾将产生 29.63 升生物絮团；

当饲料蛋白质含量为 38%、蛋白质效率为 45%时：每生产 1 千克对虾将产生 24.14 升生物絮团；

当饲料蛋白质含量为 40%、蛋白质效率为 35%时：每生产 1 千克对虾将产生 36.68 升生物絮团；

当饲料蛋白质含量为 40%、蛋白质效率为 40%时：每生产 1 千克对虾将产生 29.63 升生物絮团；

当饲料蛋白质含量为 40%、蛋白质效率为 45%时：每生产 1 千克对虾将产生 24.14 升生物絮团。

可见生物絮团养殖系统生物絮团产量[1]相对于对虾产量而言只与蛋白质效率有关，与蛋白质含量无关。反过来，对于给定絮团生物量的情况下，对虾产量（即系统承载密度）取决于蛋白质效率。

以上只是理论分析，实际生产过程中由于生物絮团系统还存在着不同程度的氮异化功能，对于某个具体生物絮团养殖系统而言，需要根据自身的絮团组成进行合理的修正。

（2）养殖动物。本系统中为南美白对虾，南美白对虾的代谢终产物——粪便与尿液，是构成生物絮团系统中微生物种群的"培养基"的重要组分，是影响微生物组成主要因素之一。

（3）碳源。在生物絮团养殖系统中，碳源是仅次于饲料的大宗投入品，不同碳源种类强烈地影响着絮团的微生物组成。理论上，任何能被微生物用来做能源和蛋白质骨架的有机碳都可以作为碳源，包括所有单糖、双糖、多糖（如淀粉）以及各种有机酸、醇等，甚至纤维素。

从经济角度上讲，碳源应该是以当地最方便、最廉价的农副产品为首选。除了目前广泛使用的甘蔗糖蜜、红糖外，可作为碳源的相对廉价而又丰富的一些常见农副产品有玉米淀粉、马铃薯淀粉、木薯淀粉、地瓜淀粉，等等。当然，使用淀粉作为碳源，必须对絮团中的微生物预先进行驯化。

对于普通生物絮团（氮同化）技术而言，使用碳源的原则有两个，一个

---

[1]　生物絮团产量＝（对虾蛋白质含量/蛋白质效率）×（1－蛋白质效率）/絮团蛋白质含量。

是所使用的碳源必须能使微生物对碳源的利用和对氨氮的利用同步；另一个是能利用这些碳源的微生物种类越多越好。

当然，如果能对这些农副产品预先进行发酵后再使用，效果就会好很多。许多人不理解使用发酵糖蜜与直接使用糖蜜的区别。它们的区别在于：糖蜜只是糖蜜，能直接利用糖蜜的微生物相对比较单一；而发酵糖蜜已经不是糖蜜了，糖蜜发酵后，已经转化为数以万计的有机化合物，包括各种有机酸、维生素、每个细胞几乎都需要的所有酶系和各种各样的生物活性因子，能促进各种各样的微生物生长。尤其是建立生物絮团的前期，使用发酵糖蜜比使用糖蜜更有利于生物絮团生物多样性的建立。

在碳源的使用频率方面，为了方便，一般情况下是与饲料同时使用，但是，一天使用一次或几天使用一次是不正确的，因为对虾氨氮的分泌是连续的，微生物的生长也是连续的，供应给微生物的碳源也必须是连续的。由于糖蜜具有一定的物理化学特性，如黏度、渗透压，短时间内大剂量使用将改变养殖水体的许多物理化学特性，影响水体的气体交换，甚至抑制某些比较娇气的微生物的生长。因此，可溶性碳源最理想的添加形式是流加——少量、连续。

（4）盐度。虽然许多微生物具有广盐性，能够在不同的盐度下生存生长，但它们在不同盐度下的生理活性、竞争优势有所不同；对于那些对盐度相对敏感的微生物而言，盐度不同，微生物种类自然也不同。

（5）微量元素（或离子）组成。微量元素不仅是微生物的营养素，而且不同微生物对微量元素有各自的需求，微量元素组成不同或缺失不同将导致形成不同的优势微生物群落。离子的价数在作为络合、架桥、形成絮团结构方面的能力也有很大的差异：单价离子（如钠、钾）没有架桥能力，甚至由于过多的单价离子封闭了细菌表面的负电荷致使细菌之间不能架桥而无法形成絮团；二价离子（如钙、镁）具有架桥能力；三价离子（如铝、铁）具有强烈架桥、絮凝能力。

（6）电位（溶解氧）。生物絮团具有一定的"大小"，细菌由于密度大，耗氧水平高，会在絮团"颗粒"的内外，形成一定的电位梯度：在水体溶解氧浓度高、絮团颗粒小的情况下，电位梯度小，组成絮团的细菌中，好氧细菌的比例增加；在水体溶解氧浓度低、絮团颗粒大的情况下，组成絮团的细菌中，兼性厌氧、甚至厌氧细菌的比例增加。溶解氧水平还决定一种微生物代谢终产物的形态，进而影响下游的微生物组成，如酵母菌，在高氧条件下代谢终产物是二氧化碳，而在缺氧条件下代谢终产物是乙醇。所以，不同溶解氧水平状态下，酵母菌的下游微生物不同。

（7）水体运动速度。水体的运动对生物絮团具有一定的"剪切力"，运动速度越大，剪切力越强，生物絮团的颗粒越小。絮团颗粒小，氧容易渗透，絮团内部含氧量高，导致好氧细菌多、厌氧细菌少，即影响絮团细菌的呼吸类型和微生物的群落组成。

（8）温度。不同微生物具有不同的温度适应范围，温度不仅影响着微生物的代谢、生长和功能，也影响着微生物种群。

（9）其他投入品。如各种水质调节剂、微生物制剂，等等，尤其是微生物制剂（微生物活性物质）对微生物生态演变具有"蝴蝶效应"。

（10）絮团"年龄"。由于絮团中各种微生物的繁殖周期不同，更新（捞走或换水同时带走絮团）速度超过某些微生物的繁殖周期（繁殖一代的时间）时，这些微生物的比例将越来越少，甚至缺失。

第二节　吃还是不吃？

生物絮团养殖理念中一个令人振奋和激动的概念是废氮的资源化，即养殖动物排泄的氨氮和残饵生物矿化后的氨氮，通过补碳后，在微生物的作用下重新再生为天然饵料蛋白，并供给养殖动物二次利用，以达到大幅度提高饲料蛋白效率的作用。换句话说，对虾排泄出来的氨氮等，通过碳氮平衡转化为生物絮团，而生物絮团再作为对虾饲料，实现氮的二次利用，提高蛋白效率。再说白一点，生物絮团养殖就是对虾排泄出来的氨氮等转化为生物絮团再喂虾。

问题是，南美白对虾吃生物絮团吗？

2016年10月初，笔者在广西北海某虾苗场的水泥池进行生物絮团零换水养虾实验的时候，由于种种原因，虾苗放到水泥池后，接种用的冰冻生物絮团迟迟未到，虾池氨氮水平逐步升高，为了控制氨氮，只好大幅度控制投喂量，虾苗大约有10天处于半饥饿状态。冷冻生物絮团到了后，因为接种量少，一个25米³的水泥池只接种了几千克湿生物絮团。由于养殖水体氨氮水平比较高，接种冰冻生物絮团后也不能立刻提高饲料投喂量，结果发现水体越来越清，接种的生物絮团少了许多——生物絮团被饥饿的虾苗吃掉了。

2017 年，笔者在山东聊城某养殖公司进行生物絮团养殖试验时，有一个池塘的絮团量持续偏高，为了了解南美白对虾是否能够摄食生物絮团并达到控制生物絮团生物量的目的，停止投喂人工饲料两天，结果南美白对虾几乎全部空肠空胃，试验表明南美白对虾并不摄食生物絮团。

从上述两种亲自体会的结果来看，南美白对虾在滤食阶段会被动摄食生物絮团，而在抱食（人工饲料）阶段并不明显摄食生物絮团。从目前大多数生物絮团养虾中后期必须通过换水以降低絮团密度的情况看，通过碳氮平衡使氨氮再生为天然饲料，二次利用饲料蛋白，从而提高饲料蛋白效率，对于南美白对虾养殖而言，看来只是一种美好的愿望而已，或许罗非鱼可以。

第三节　时间是个大问题

许多人以为，建好水池，放入虾苗，投入饲料，氨氮来了加入碳源，就是"生物絮团"养殖了，以为生物絮团养殖就那么简单。诚然，从某种意义上讲，常规生物絮团养殖操作的确并不复杂。但是，需要明白的是，生物絮团中的絮团不是简单的一团细菌，而是一个由各种各样的细菌构成的一个生态系统，而一个相对完善的目标微生物系统并非短时间能建立或培养出来的。时间才是个大问题。

即使是接种活性污泥，一个新的污水处理厂要建立具有相对稳定的污水处理能力的微生物生态系统需要在专业人士养护下经 3 个月到半年时间培养，而生产中对虾养殖的周期才 100 天左右。很明显，对于刚开始从事生物絮团养虾的养殖人员来说，虾都养完了，系统的生物絮团很可能还只是一团细菌，可能离具有相对完善生态系统的、成熟稳定的、高效率的生物絮团还很远。第一造虾养得不那么理想其实很正常。而且，科学驯化也需要专业知识！不是谁都能够随随便便地当上马戏团的驯兽师，那需要专业。驯虎师要十分熟悉老虎，驯马师要十分熟悉马匹。生物絮团的驯化，同样需要对微生物生态十分熟悉的专业人士。

对于常规生物絮团养殖而言，可按化学计量去补充碳源，将氨氮转化为菌体蛋白。理论上，任何能利用所提供的碳源生长的微生物都能够起作用，驯化出能够有效利用提供的碳源的微生物就可以了。对于自养硝化絮团养殖而言，不能添加常规碳源，而是应该补充亚硝化、硝化细菌的营养素，定向培养硝化细菌，如果此时提供碳源，氨氮就会被普通微生物（非自养硝化菌）同化了，同时生长出来的是普通化能异养氮同化细菌而不是目标细菌——硝化菌群。那么，亚硝化、硝化细菌必然姗姗来迟，难以建立自养硝化系统。

任何一个生态系统，只要存在氨氮，迟早都能演化出氮循环微生物生态链，只是需要时间。生物絮团养殖系统也不例外。尽管我们可以按化学计量对生物絮团系统的氨氮加以定量控制，但系统中总会或多或少存在一定的氨氮，在这些氨氮的刺激下，氨氧化（即亚硝化）细菌还是会慢慢地产生的。

很多从事常规生物絮团养殖的人员都会发现，到养殖中后期，系统中会出现亚硝酸积累，并会对南美白对虾造成影响。这是因为在系统氨氮的刺激下，亚硝化细菌出现并繁殖的结果，遗憾的是，此时硝化细菌还没发育出来，不能及时将亚硝化细菌的代谢终产物及时转化为硝酸。

人们都知道氨的氧化过程（亚硝化细菌）：

$NH_4^+ + 1.5O_2 \rightarrow NO_2^- + 2H^+ + H_2O$ ［NH_4^+—N（氮 -3 价）转化为 NO_2^-—N（氮$+3$ 价）］

亚硝酸的氧化过程（硝化细菌）：

$NO_2^- + 0.5O_2 \rightarrow NO_3^-$ ［NO_2^-—N（氮$+3$ 价）转化为 NO_3^-—N（氮$+5$ 价）］

由上述亚硝化过程和硝化过程反应式可知，亚硝化细菌氧化一个氨氮为亚硝酸氮获得 6 个电子，而硝化细菌氧化一个亚硝酸氮为硝酸氮只获得 2 个电子。很显然，亚硝化细菌获得的能量是硝化细菌的 3 倍，因此，生长速度必然比硝化细菌要快得多。

如果生物絮团系统由于亚硝酸的干扰不得不换一部分水，越换水将导致亚硝酸越高。这是因为换水降低了有机物（BOD_5），有利于亚硝化细菌生长，亚硝酸的产生速度提高；而硝化细菌由于生长速度远比亚硝化细菌慢，换水之后系统中硝化细菌反而更少，导致亚硝酸的硝化速度更慢。这种此消彼长的反差使得亚硝酸产生速度更快，亚硝酸的快速产生又迫使生物絮团系统不得不再换水，又进一步降低硝化细菌与亚硝化细菌的相对数量的反差，系统进入恶性循环！

自然界就是那么微妙！在微生物生态系统中，细菌的生长速度相差很大。有些细菌生长速度特别快，甚至快到干坏事，我们总想控制它们，并称它们为"有害菌"，而有些微生物的生长速度又很慢，慢到足以降低微生物生态系统的效率，我们总希望它们快点多起来，并称它们为"有益菌"。换水过于频繁，必然导致生物絮团系统中那些生长速度很慢的细菌（往往都是我们认为的有益菌）不断流失！

第四节　絮团驯化的三个阶段

水产养殖水体中氮的处理可分为三个基本阶段：①初级阶段——氮的同化，将氨氮转化（专业术语叫同化）为蛋白氮（细菌），建立生物絮团的基础生物群；②中级阶段——氮的氧化，氮氧化细菌出现，并在生物絮团中占主导地位，将氨态氮转化为亚硝态氮再转化为硝态氮；③高级阶段——氮的脱除，反硝化脱氮细菌出现，将硝态氮进一步转化为气态氮（氧化氮或氮气）。

生物絮团驯化可以依此分为三个阶段。

一、初级阶段

以以色列养殖专家 Yoram Avnimelech 为代表的国外生物絮团养殖的大多数论文或报道都是处于生物絮团的初级阶段，即氮的同化，研究和报道的内容基本上都是如何通过合理补充有机碳源将氨态氮转化为细菌蛋白氮以解决养殖动物分泌的氨氮问题。氨态氮同化生物絮团养殖系统的化学计量基础理论方程为：

$$NH_4^+ + 7.08CH_2O + HCO_3^- + 2.06O_2 \rightarrow C_5H_7O_2N + 6.06H_2O + 3.07CO_2$$

初级阶段生物絮团养殖模式的优点是容易操作，只要碳源足够、溶解氧足够，细菌种类自然网罗，无须定向控制（其实，碳源的种类和溶解氧水平就是对絮团中微生物的一种定向选择），氨氮可控性强（只要细菌够，定量消除氨氮只需要几个小时）；缺点是消耗大量的有机碳源和氧气，同时产生大量的生物絮团（需要移除）和二氧化碳（引起 pH 降低）。

那么，国人为什么依样画葫芦并没有取得成功？很重要的因素在于饲料品质。简单地说，对于初级阶段的生物絮团养殖，投入到养殖系统的饲料蛋白，最终转化为两种物质：对虾蛋白和絮团蛋白。由于饲料品质不同，饲料投入到系统后最终形成的对虾蛋白与生物絮团蛋白的比值不同。

例如，我们目前的平均南美白对虾饲料质量水平，饲料蛋白质的含量为

40%（即 1 千克饲料 400 克蛋白质）、南美白对虾的饲料蛋白质同化率为 40%，那么，每生产 1 千克对虾（假设蛋白含量为湿重的 16%，即 1 千克对虾 160 克蛋白质）将产生 240 克细菌蛋白，根据系统的基础理论方程，将产生 240 克/（$Ar_N \times 6.25/Mr_{C_5H_7O_2N}$）＝ 310 克细菌，需要投入 310 克 × $(7.08Mr_{CH_2O})/(Mr_{C_5H_7O_2N})$＝582.69 克糖类；而如果饲料蛋白质的同化率为 60%，那么，每生产 1 千克对虾将产生 106.67 克细菌蛋白，产生 137.78 克细菌，需要投入 258.97 克糖类。

需要明白的是，生物絮团既是用来处理污染物的，同时生物絮团中的细菌群落组成也是由污染物的质和量所决定的。也就是说，生物絮团的质和量是由饲料（污染来源）决定的。饲料的组成和质量不同不仅所需要的生物絮团的量不同，絮团中细菌的种群也不同。所以，忽略了饲料的差异，简单复制或克隆别人的生物絮团养殖模式是得不到相应的结果的。为什么国外的生物絮团养殖模式到我们这里必须"改良"为半生物絮团养殖模式？按同样的养殖密度（对虾承载量）为什么国外零换水而我们需要部分换水？为什么国外的成本低我们的成本高？原因就在饲料组成和质量水平上的不同！

我们必须认识到初级阶段生物絮团的局限性，以及在我国当前饲料质量水平下的适应性。因此，不能简单、机械地模仿、复制，必须加以提升，实现"弯道超车"，真正做到"青出于蓝而胜于蓝"！

二、中级阶段

一旦初级阶段的生物絮团成熟，系统氨氮可控，就可以进行中级阶段的生物絮团驯化。中级阶段的生物絮团为自养硝化生物絮团，主要作用细菌为氮氧化细菌（此处氮氧化细菌包括亚硝化细菌和硝化细菌，下同）。系统的基础化学计量理论方程为：

$$NH_4^+ + 1.83O_2 + 1.97 HCO_3^- \rightarrow 0.0244C_5H_7O_2N + 0.976NO_3^- + 2.90H_2O + 1.86CO_2$$

此方程的特点：①不需要有机碳源；②氮的异化率为 97.6%，同化率仅为 2.44%（表明硝化细菌生长慢）；③系统中硝酸积累（消耗碱度）；④相比初级阶段生物絮团更节约氧气；⑤二氧化碳产率低，减少脱碳的麻烦。

当然，中级阶段是从成熟的初级阶段提升、转化过来的。其核心内容就是生物絮团中的细菌种群结构的定向培育，尽量提高氮氧化细菌的比例。这种定向培育需要精确的氨氮浓度控制和相应的细菌营养关键技术。

首先，在养殖过程中，氨氮是"连续"产生的，如果在初级生物絮团中投入足够碳源，氨氮都被转化为菌体蛋白，系统就停留在初级阶段的生物絮团水平上。为了促进生物絮团"转型"、刺激氮氧化细菌生长，必须在养殖系统留有一定水平的氨氮。然而氨氮多了，影响虾的健康，甚至造成病害；氨氮少了，氨氧化细菌生长又太慢，因此，氨氮"度"的把握，是中级阶段生物絮团成败的关键。

其次，虽然氮氧化细菌是"化能自养"的，组成氮氧化细菌菌体结构的碳来源是无机碳（二氧化碳），但这些细菌往往是"古"细菌，还需要环境提供一些特殊的"必需营养素"，如某些特殊的酶、维生素、微量元素，甚至一些"未明营养素"才能生存与生长，如果不能额外提供，则系统中的氮氧化细菌的数量和生长速度会受到系统中这些物质供应能力的影响，自养硝化絮团的生物量和生物学功能无法做到"可控"。

最后，氨氮氧化的产物——亚硝酸和硝酸是不同细菌的代谢终产物，氨氧化细菌（亚硝化细菌）和亚硝酸氧化细菌（硝化细菌）的生长很多时候是不同步的。亚硝酸属于高毒性物质，如果系统中氨氧化细菌长得太快，则导致亚硝酸积累而造成系统崩溃（虾亚硝酸中毒、养殖失败）。如何把握、调控亚硝化细菌和硝化细菌的比例，是生物絮团从初级向中级转化、提升的关键。

需要说明的是，硝酸对于硝化细菌来说是代谢终产物，任何生物的代谢终产物对自身都是有毒的，高浓度的硝酸积累必然会影响硝化细菌的活性。因此，采用自养硝化生物絮团养殖系统进行高承载量养殖是需要部分换水的，如何把握系统的硝酸水平，即保证硝化细菌活性又达到最少换水量，也是一门值得深入探讨的重要技术。

由初级阶段的氮同化生物絮团向中级的氮氧化生物絮团驯化的难度在于：氮同化细菌需要大量的有机碳源而氮氧化细菌不仅不需要有机碳源，而且有机碳源的存在还会抑制氮氧化细菌的生长。

在南美白对虾存在的情况下，每天饲料的投入都在产生氨氮。如果没有氨氮积累，很难驯化出氮氧化细菌；如果氨氮积累过高，虾可能受到影响，为了控制氨氮，必须投入有机碳源，而有机碳源的投入，又难以驯化氮氧化细菌。

养虾过程中氮氧化菌群驯化的另一个问题是亚硝化和硝化的同步问题，

如何适当抑制亚硝化细菌、刺激硝化细菌也是一个技术问题。亚硝化细菌生长速度比硝化细菌快，在氮氧化菌群的驯化过程中，必然是亚硝化细菌先生长，产生亚硝酸，才能促进硝化细菌生长。

如果养殖水体中亚硝酸浓度低，硝化细菌就生长慢，如果亚硝酸浓度高，则有可能伤害到南美白对虾。一方面，我们希望氮氧化菌群尽早建立，另一方面，我们又希望南美白对虾不受到影响。两害相权取其轻，是氮同化生物絮团向氮氧化生物絮团驯化过程中，如何把握"度"的技术关键。

有人说，直接向养殖系统中补充硝化细菌不就可以了吗？这种想法看上去很不错，问题是，能找到那些适应自身的养殖系统的硝化细菌吗？何况自养硝化絮团是一个相互密切关联的微生物群而不是某一两种微生物。如果它们不能适应，在系统中它们连生存都困难，怎么能指望它们"发挥最佳效果"？

不要太寄希望于"氮的分解能力是普通异养细菌的 N 百万倍"的国际品牌自养硝化细菌，这听起来很诱人，非常高端、大气、上档次，其实普通异养细菌氮分解能力为 0，与硝化细菌没有可比性！如果有人告诉你他家的母鸡下蛋能力是公鸡的 N 百万倍，这与母鸡的下蛋性能［（一年母鸡下蛋量1～365)/(一年公鸡下蛋量0)＝无穷大，何止于百万倍!］没有任何关系，根本不能说明它就是一只好母鸡！

三、高级阶段

一旦过了中级阶段，可以逐步将生物絮团驯化为高级阶段，即在自养硝化生物絮团中，引入好氧反硝化脱氮细菌，其化学计量基础理论方程为：

$$0.088C_{12}H_{22}O_{11} + NO_3^- + 1.52H^+ \rightarrow 0.159C_5H_7O_2N + 0.42N_2\uparrow + 0.33CO_2 + 3.72H_2O$$

此方程的特点：①需要硝化菌群存在；②需要有机碳源作为电子供体，但量不大［碳氮重量比为 1：0.9051（0.088×12×12/14）］；③氮同化率为 15.9%，异化率为 84.1%（生长速度比硝化细菌快）；④消耗氢离子，产生碱度；⑤不消耗氧气；⑥二氧化碳产率低，只有初级阶段生物絮团的 0.33/3.07＝10.75%。

综合氨氮的硝化和硝酸的反硝化脱氮方程：

$NH_4^+ + 1.83\,O_2 + 1.97\,HCO_3^- \rightarrow 0.0244\,C_5H_7O_2N + 0.976NO_3^- + 2.90H_2O + 1.86CO_2$

$0.088C_{12}H_{22}O_{11} + NO_3^- + 1.52H^+ \rightarrow 0.159C_5H_7O_2N + 0.42N_2\uparrow + 0.33CO_2 + 3.72H_2O$

可得整个系统的总结果：

$NH_4^+ + 1.83O_2 + 0.49HCO_3^- + 0.086C_{12}H_{22}O_{11} \rightarrow 0.18C_5H_7O_2N + 0.41N_2\uparrow + 0.70CO_2 + 6.53H_2O$

比较一下各种阶段的氮处理结果：初级生物絮团是100％转化为细菌蛋白留在养殖系统中；中级生物絮团是2.44％转化为细菌蛋白、97.6％转化为硝酸，同样滞留在养殖系统中；但高级阶段的生物絮团只有18％转化为细菌蛋白滞留在养殖系统中，82％转化为气态氮离开养殖系统。碱度的消耗也只有初级生物絮团的0.49/1＝49％、中级生物絮团的0.49/1.97＝24.87％，这是实现零换水最有优势的途径。

自然界生物之间竞争的成败，本质上是资源和能量利用效率的高低！反硝化细菌以硝酸做电子受体，其能量效率要低于以氧做电子受体的普通异养氮同化细菌。此外，更多的细菌因为水体中可利用的资源越来越少，以至于退到生态系统的边沿。因此，如何选择特种营养素和选择性碳源是高级阶段生物絮团驯化与应用的关键。在纯培养系统里，反硝化细菌可以用葡萄糖或蔗糖去培养。但如果在生物絮团系统中，使用葡萄糖或蔗糖作为反硝化细菌的碳源却是行不通的，因为一旦添加这些大多数细菌都能很好利用的碳源，普通异养氮同化细菌一下子就把碳源抢光了，反硝化细菌只能挨饿而逐渐消失。

第五节　量变会引起质变

所谓脱氮，传统的定义是反硝化细菌在缺氧条件下，还原硝酸盐，释放出分子态氮（N_2）或一氧化二氮（N_2O）的过程。由于氧作为电子受体获能效率高，微生物只有在缺氧条件下才以硝酸作为电子受体。所以，大多数人都认为只有缺氧才能进行反硝化（脱氮）。

对于南美白对虾养殖系统而言，采用生物絮团原位处理，其环境条件首先必须满足南美白对虾的要求，即不允许出现缺氧状态。所以，一般人认为，生物絮团养殖南美白对虾的微生物环境条件不适用于上述反硝化脱氮微生物的应用。

然而，近年来，有氧反硝化是污水处理中的一个热门话题，相关论文很多。一般好氧反硝化常常与异养硝化联系在一起，从总体上研究氨氮在高浓度有机物和溶解氧存在的条件下被活性污泥直接转化为气态氮的宏观效果，但有关好氧脱氮机理还没研究清楚。

由于在生物呼吸过程中，氧和硝酸都是作为呼吸链电子传递过程中的最终电子受体，有些微生物（兼性微生物）可能既可以以氧做最终电子受体，又可以硝酸作为最终电子受体。但只有当氧被消耗完毕，环境缺氧的条件下才会以硝酸作为最终电子受体。

尽管微生物界只有我们想不到的，几乎没有微生物做不到的，但确实很难想象有一种细菌能够同时将氧和硝酸作为最终电子受体。即使有，由于氧作为最终电子受体获能效率高，这种微生物的脱氮能力也一定有限。

然而，根据一些研究报告，异养硝化-好氧反硝化脱氮的活性污泥氮处理效率却非常高。因此，完全有理由认定这些细菌是"非常专业"的，即不可能是兼性的，也不可能是同时利用氧和硝酸的。

所以，能够在有氧存在条件下进行反硝化脱氮的细菌，其实并不"好氧"，只是对氧有很强的耐受性而已！因此，将这类细菌称为"好氧反硝化细菌"似乎不是很妥，贴切的称呼应该是"高耐氧反硝化脱氮菌"。

按照《微生物学》的定义，硝化细菌是严格好氧的。那么"无氧硝化"可行吗？

氨的氧化（亚硝化）：

$$NH_4^+ + 1.5O_2 \rightarrow NO_2^- + 2H^+ + H_2O \qquad (20)$$

亚硝酸的氧化（硝化）：

$$NO_2^- + 0.5O_2 \rightarrow NO_3^- \qquad (21)$$

亚硝化细菌的生长表达式：

$$15CO_2 + 13NH_4^+ \rightarrow 10NO_2^- + 3C_5H_7NO_2 + 23H^+ + 4H_2O \qquad (22)$$

硝化细菌的生长表达式：

$$5CO_2 + 10NO_2^- + NH_4^+ + 2H_2O \rightarrow 10NO_3^- + C_5H_7NO_2 + H^+ \qquad (23)$$

方程（20）和方程（21）是产能反应，而方程（22）和方程（23）是产能（氮的氧化）同时又是耗能（二氧化碳的固定与生物合成）过程。方程

（22）和（23）中存在着氮的氧化，然而，却不需要氧！

如果我们把方程（22）分解成 3 个阶段：

$$10NH_4^+ + 15O_2 \rightarrow 10NO_2^- + 20H^+ + 10H_2O \qquad (22.1)$$

简化一下方程（22.1）就是方程（20）

$$15CO_2 + 15H_2O \rightarrow 15CH_2O + 15O_2 \qquad (22.2)$$

$$15CH_2O + 3NH_4^+ \rightarrow 3C_5H_7NO_2 + 9H_2O + 3H^+ \qquad (22.3)$$

方程（22.1）～（22.3）分别代表氨的氧化阶段（产能）、二氧化碳固定阶段（耗能）与蛋白合成阶段（耗能）。很明显，其中方程（22.1）是方程（22）的产能反应，而方程（22.2）、（22.3）是方程（22）的耗能反应。如果方程（22.1）释放的能量够方程（22.2）、（22.3）用，那么，方程（22）可以进行，氨的氧化不需要外源氧的供应，氨氧化可以在无氧环境下进行。

同样，我们把方程（23）分解成 3 个阶段：

$$10NO_2^- + 5O_2 \rightarrow 10NO_3^- \qquad (23.1)$$

简化一下方程（23.1）就是方程（21）

$$5CO_2 + 5H_2O \rightarrow 5CH_2O + 5O_2 \qquad (23.2)$$

$$NH_4^+ + 5CH_2O \rightarrow C_5H_7NO_2 + H^+ + 3H_2O \qquad (23.3)$$

方程（23.1）～（23.3）分别代表亚硝酸的氧化阶段（产能）、二氧化碳固定阶段（耗能）和蛋白合成阶段（耗能）。同样，如果方程（23.1）释放的能量够方程（23.2）、（23.3）用，那么，方程（23）可以进行，亚硝酸的氧化不需要外源氧的供应，亚硝酸氧化可以在无氧环境下进行。

化能自养生物也产氧，只不过是自产自用而已。也可以这么推论，在自然界细胞外水环境中有溶解氧之前，生物界存在着"产氧机制"。当生物界进化出直接利用光能系统（叶绿素）时，产能无需耗氧，这时氧才多出来，并被释放到细胞外水环境中，地球上才慢慢有氧。

就目前的知识来讲，方程（20）产能 278.42 千焦/摩尔，方程（21）产能 72.27 千焦/摩尔，而二氧化碳固定至少耗能 477.83 千焦/摩尔（根据葡萄糖彻底氧化成二氧化碳和水释放能量 2867 千焦/摩尔计算）。可见方程（22）、（23）按目前的知识体系看，能量是不足的。但是如果根据葡萄糖标准生成自由能为 1022.56 千焦/摩尔，则二氧化碳固定只需要 1022.56/6＝170.43 千焦/摩尔。方程（22）的能量是够的 [2784.2（10×278.42）＞2556.4（15×170.43）]。但方程（23）的能量还是不够 [722.7（10×72.27）＜852.13（5×

170.43）］。问题在于，氨氧化成亚硝酸获得 6 个电子，产能 278.42 千焦/摩尔，为什么亚硝酸氧化成硝酸获得 2 个电子，产能只有 72.27 千焦/摩尔，而不是 $278.42/3=92.81$ 千焦/摩尔［从方程（22）和方程（23）可以看出，亚硝化细菌固定的二氧化碳是硝化细菌的 3 倍］？如果亚硝酸的氧化产能是 92.81 千焦/摩尔，则方程（23）的能量也是够的［928.1（10×92.81）> 852.13（5×170.43）］。

当然，目前认为氨氧化和亚硝酸氧化获能"绝对好氧"是对"现代微生物"培养物的研究或测定的结果，至于"古代微生物"是不是这个样子，就很难说了。相信科学，但不要迷信科学。这个自然界，尤其是微生物界，只有想不到的，没有不可能的。厌氧氨氧化是确确实实存在的，1990 年，荷兰代尔夫特理工大学 Kluyver 生物技术实验室开发出厌氧氨氧化工艺，即在厌氧条件下，微生物直接以 NH_4^+ 做电子供体，以 NO_2^- 为电子受体，将 NH_4^+ 或 NO_2^- 转变成 N_2 的生物氧化过程。其化学计量方程：

$$NH_4^+ + 1.32NO_2^- + 0.066HCO_3^- + 0.13H^+ \rightarrow 1.02N_2\uparrow + 0.26NO_3^- + 0.066CH_2O_{0.5}N_{0.15} + 2.03H_2O$$

可见在无氧条件下，不仅氨可以氧化成氮气（氮从 -3 价到 0 价），亚硝酸也可以氧化成硝酸（氮从 $+3$ 价到 $+5$ 价）！当然，也有理由相信，自然界存在着这一类"耐氧无氧氨氧化细菌"。

当然，"好氧反硝化"化学计量方程也不需要氧：

$$0.088C_{12}H_{22}O_{11} + NO_3^- + 1.52H^+ \rightarrow 0.159C_5H_7O_2N + 0.42N_2\uparrow + 0.33CO_2 + 3.72H_2O$$

另外，我们知道藻类以 H_2O 做电子供体和氢供体的产氧光合作用：

$$CO_2 + H_2O \rightarrow CH_2O + O_2\uparrow$$

我们也知道光合细菌以 H_2S 做电子供体和氢供体的无氧光合作用：

$$CO_2 + H_2S \rightarrow CH_2O + S_2$$

完全可以推论，在自然界一定存在着一种细菌，能够以 NH_3 做电子供体和氢供体进行光合脱氮：

$$3CO_2 + 2NH_3 \rightarrow 3CH_2O + N_2\uparrow$$

量变会引起质变！一旦理顺了氮呼吸微生物生态系统，进一步提高产量必须放弃生物絮团模式。

当氮处理效率提高，养殖密度必然增加，饲料投入也会增加，氧的消耗速度也不断增加。氧消耗速度的增加要求水体的溶解氧浓度水平也相应提高。

水体溶解氧浓度水平提高，必然导致高压空气增氧效率降低，一方面氧的消耗速度增加，而另一方面氧气的溶解效率降低的反差要求供气量大幅度增加。供气量的大幅度增加必然导致养殖水体翻滚速度加快，水体的翻滚速度加快又导致气体（气泡）在水体中的滞留时间变短，又进一步降低气泡与水体的气体交换效率（氧气由气泡进入水体，二氧化碳由水体进入气泡），压缩空气增氧效率再度降低。

此外，随着供气量的不断增加，养殖水体的翻滚速度持续加快，必然对虾的生存环境造成影响：①当水流速度大于虾的自主控制时，就会产生应激；②对虾必须消耗能量对抗水体运动；③快速的水体运动所产生的剪切力也会造成虾的机械损伤，尤其是刚蜕壳的"软壳虾"，一个是造成断肢、断须，另一个是硬壳虾与刚蜕壳的软壳虾的碰撞会刺伤软壳虾，不仅影响外观品质，还可能造成感染。

因此，当养殖密度增加到一定程度时，单纯使用空压机进行空气增氧已经不能适应养殖系统的需要了，必须辅以液氧增氧，以提高增氧效率并降低水体的曝气强度。然而曝气强度降低将导致二氧化碳脱除效率下降，养殖密度增加、二氧化碳产量增加，而二氧化碳脱除效率的下降必然导致二氧化碳在养殖水体滞留而引起 pH 的下降，引起水质属性发生变化；水质属性的变化有可能导致整个系统的微生物种群结构漂移，进而造成养殖系统紊乱。所以，饲料投入增加到一定程度必须引入脱碳系统。饲料投入的增加也导致残饵粪便以及饲料中惰性物质积累快速增加，也需要引入固形废物的分离设施（微滤机）。

总之，随着氮脱除效率提高，养殖密度相应增加到一定程度时，净化系统与养殖系统必须分开，固定化的生物膜必将取代漂浮性生物絮团。同样是自养硝化系统，固定化生物膜的承载能力（200 千克/米³）是漂浮性生物絮团（20 千克/米³）的 10 倍!

第六节 微生物菌剂的最高境界是"无效"

我国水产养殖有数千年历史，因此，对藻类有比较全面的认识，对藻类的管理有比较丰富的经验。几乎所有的藻类，我们都可以进行人工纯培养。但是，对于微生物，我们所知甚少，对微生物的认识，可以说微乎其微，因为到目前为止，我们能通过纯培养加以深入研究的微生物（细菌）不到0.01％。为什么？因为它们都是共生的，在纯培养状态下无法生存。

生物絮团养殖系统的管理，不言而喻，就是对细菌的管理，如果我们对细菌的各种属性都不了解，又如何能管理好生物絮团养殖系统？千万要明白，衡量生态系统是否健康的关键指标是平衡！对于一个微生物生态系统而言，所有在系统中存在的微生物，都是合理的。自然界没有一种生物叫有益生物，也没有一种生物叫有害生物，只要处于平衡状态，都是健康的。

如果系统失衡，某些生物总是过多，并造成系统恶化，我们总想抑制它们，杀掉它们，我们就认定它们是有害生物；如果某些生物总是不足，并导致生态系统效率降低，我们总想让它们多起来，只要我们补充一些，系统效率就会有所改善，我们就认定它们是有益生物。千万记住一点，生态系统中起作用的细菌是"养出来"的，不是"加进去"的。如果养殖期间还要不断补充某种"有益细菌"（系统建立时"接种"除外），说明该细菌在生态系统中连生存都困难，根本无法起到"关键的生态作用"。

二三十年来，整个行业都混淆了一个概念：微生物制剂＝微生物菌剂。如，光合细菌制剂＝光合细菌，乳酸菌制剂＝乳酸菌。除建立系统时"接种"外，养殖过程任何添加到水环境中用于调节水质的微生物制剂都只是生态系统中固有微生物的营养品而已。实验早已证明添加到养殖系统中的微生物用高通量基因检测技术根本检测不到，它们被生态系统中的微生物"吃了"。

健康的养殖系统中的投入品可以分成如下几类：①饲料，给养殖动物吃的；②生物调水品，包括改变养殖污水有机属性的生物制剂（为污水中特定微生物提供营养）、碳源（用于改变养殖污水的碳氮比）等，给微生物吃的；③化学调水品，如石灰、小苏打、氯化钙以及微量元素等，用于调节水的属性，有利于鱼虾、藻类、微生物生长。

大家也许知道，酵母浸膏是微生物培养中优良且常用的培养基成分（还有牛肉浸膏、蛋白胨等），就像在养殖系统中添加酵母制剂，所起的作用不是酵母菌在系统中活了，繁殖了，转化了什么有害物质了，而是起着酵母浸膏的作用；同样，向养殖系统中添加EM、光合细菌制剂、乳酸菌制剂等，其作用也类似于EM浸膏、光合细菌浸膏、乳酸菌浸膏一样，都是作为系统中的微生物保健品或营养品，根本不是什么光合细菌在养殖系统中生长了、繁殖了，把硫化氢、氨氮给"吃了"！

保健品的最高境界是"无效"，吃保健品有效就说明身体有问题（例如，吃钙片有效说明缺钙）。所以，使用微生物菌剂有效，就说明养殖系统有问题。生物絮团养殖系统中最不缺乏的就是微生物，只是该长的菌没长，不该长的菌长了，解决的方法是改变污水的营养组成或优化系统条件，让目标微生物生长！如果生物絮团生态系统是平衡的，任何微生物都不需要添加，添加了也没有用，甚至会导致平衡的破坏。

第七节　生物絮团负荷与生物絮团产率

"物竞天择、适者生存"是生物进化的一般道理，其中一个很关键的基本原则是能量效率，生物越高等，能量利用效率越高；反过来，生物进化程度越低，能量利用效率越低。为什么地球表面上"好氧生物"如此丰富多彩，是因为以氧做电子受体和氢受体产能效率最高。生物获得能量的最终目的是用于生长和繁殖。能量效率高的生物生长、繁殖速度快，在自然界中就有生存优势。

养殖的本质是物质转化，养虾的本质是把虾饲料转化为虾肉。从生产角度上讲，我们希望南美白对虾对饲料的同化效率越高越好，最好能把饲料中的物质全都转化为对虾产品。也就是说，所谓转化就是将一种物质形态转变为另一种形态而已。

对于污水处理而言，转化率越高，处理效率就越差。转化效率高意味着一种污染物进入污水处理系统，只是转化为另一种物质存在而已，并没有真正处理掉。例如，污水中的生化耗氧量（BOD）只是转化为活性污泥而已。

就生物絮团养虾而言，饲料投入到养殖系统中，我们希望转化为虾产品的越多越好（虾的同化率越高越好），而残留在养殖系统中的其他物质，净化系统的转化效率越低越好，最好全部变成气体或无活性固体离开水环境，而不是转化为细菌留在养殖系统内。因此，采用高转化效率的生物进行污水处理，从原理上就错了！藻类比细菌高等，藻类作为污水处理生物就不如细菌，世界上有几家污水处理厂是采用藻类处理的？也就是说，用于污水、废物处理，采用的生物越低等越好。

对于污水处理厂而言，在设计污水处理系统时需要考虑的两个重要参数：①活性污泥负荷；②活性污泥产率。所谓活性污泥负荷，就是系统中每千克活性污泥每天能处理多少有机物质（污水处理系统以五天生化耗氧量以 BOD_5

计算）；所谓活性污泥产率，就是每千克有机物质（以 BOD_5 计算）可以产生多少活性污泥。

这些术语用在生物絮团养虾的系统中，活性污泥负荷相当于生物絮团负荷，就是每千克生物絮团每天可以处理多少有机物质。众所周知，通过补碳去平衡养殖水体中的氮，是通过生物絮团中的微生物来完成的，但微生物的代谢（包括繁殖）是有一定速度的，并且不同种类的细菌、不同种类的有机物质以及不同环境条件（如温度）是不同的。对于给定絮团密度的养殖系统，必须了解每立方米水体每天能承载的饲料和碳源。

一般来说，污水处理厂活性污泥负荷的经验数据是 0.15～0.30，即每千克活性污泥每天可以处理 0.15～0.30 千克的 BOD_5，或者说，每千克生物絮团每天可以处理 0.15～0.30 千克 BOD_5。

就葡萄糖而言，$C_6H_{12}O_6+6O_2 \rightarrow 6CO_2+6H_2O$，换算成 BOD 为：$6\times32/(6\times12+12\times1+6\times16)=1.07$，即每千克葡萄糖相当于 1.07 千克 BOD。

所谓活性污泥产率，在生物絮团养殖系统中，相当于生物絮团产率，即每千克有机物质（此处以生化耗氧量计）可以产生多少生物絮团。在活性污泥的污水处理系统中，活性污泥产率的经验系数为 0.4～0.8，通常以 0.6 进行预算。意思是系统中每处理 1 千克 BOD，会产生 0.6 千克活性污泥，就生物絮团养殖系统而言，相当于每千克 BOD 会产生 0.6 千克生物絮团。生物絮团产率受温度、碳源种类、pH、溶解氧等多方面的影响。这有点类似于"饲料效率"，即 1 千克饲料能养出多少虾来。只是对于饲料，我们希望转化率越高越好，对于絮团产率，我们希望越低越好。假设对虾饲料蛋白含量为 40%，饲料系数为 1，即蛋白效率为 40%（以虾体蛋白含量为 16% 计），则每千克饲料的絮团生物量为：

每千克饲料投入蛋白 400 克，其中 40% 转化为虾蛋白，即 160 克，另外 240 克蛋白转变成氨氮后，通过碳氮平衡转化为细菌蛋白。根据一些已知参数：絮团干物质约为 18 克/升（1.8%），絮团干物质中蛋白含量约为 45%，则每千克饲料理论上将产生的絮团总量为：

240 克/45% = 533.30 克（细菌干物质），换算成絮团体积：533.30 g/（18 克/升）= 29.63 升絮团/千克饲料。当然，生物絮团的微生物系统中，或多或少会存在一些反硝化细菌，实际生产情况下，絮团总量会少一些。

一般认为，生物絮团养殖水体中絮团最佳密度为 30 升生物絮团/米³。那么，在絮团养虾系统中，每立方米水体累计饲料投入量在 1 千克以内时，都没有任何问题。

如果 1 米^3 水体养 1 千克虾，累计饲料投入量为 1 千克，水体生物絮团总量是 29.63 升/米^3，没任何问题。如果 1 米^3 水体养 5 千克虾，累计饲料投入量为 5 千克，水体生物絮团总量是 $5 \times 29.63 = 148.15$ 升/米^3，远远超过最佳絮团生物量，必须处理掉 $148.15 - 30 = 118.15$ 升絮团，否则就会发生所谓的"爆菌"。

第八节　pH 降低与碱度流失

pH 降低与碱度流失是常规生物絮团养殖经常遇到的现象。当然，碱度流失会引起 pH 降低，但 pH 降低并不一定完全是碱度流失的结果。

pH 的降低有两种原因：一种是伴随着碱度流失的结果：

$[TA] = 2 [CO_3^{2-}] + [HCO_3^-] + [OH^-] - [H^+]$；$[H^+] = K_w/[OH^-]$，总碱度（TA）减少，$[OH^-]$ 减少，$[H^+]$ 增加，pH 降低；其次，水是电中性的：

$$[H^+] + [M^+] = [M^-] + [OH^-]$$

任何阳离子流失（$[M^+]$ 减少）都会引起 $[H^+]$ 增加，$[OH^-]$ 减少，导致碱度流失。

另一种，随着饲料、碳源投入的增加，养殖水体二氧化碳产量增加，引起二氧化碳在水体中积累：

$CO_2 + H_2O \rightarrow H_2CO_3 \rightarrow HCO_3^- + H^+$；$[H^+]$ 增加，pH 降低；

由于 pH 降低的原因不同，处理的方法自然也不同。然而，养殖系统中这两个过程往往同时存在。因此，处理前必须先搞清楚各种因素在 pH 降低的作用中占几成，以便区别处理。

区分碱度流失与二氧化碳积累所引起的 pH 降低的方法是：取一桶絮团水（如 10 升），检测 pH，用气石加大曝气量曝气 12～24 小时后，再检测 pH。如果曝气后 pH 有所上升，这部分 pH 差值是由于二氧化碳积累所引起的。

由总碱度降低所引起的 pH 降低可根据前后总碱度变化，利用方程 $[TA] = 2 [CO_3^{2-}] + [HCO_3^-] + [OH^-] - [H^+]$ 来计算。

有人说，生物絮团养殖系统中存在大量的有机物，有机物发酵产酸也会引起 pH 降低。没错，有机酸可以降低 pH，问题是生物絮团养殖系统发酵产酸的前提是缺氧（至少局部缺氧），如果养殖系统存在缺氧环境，那可不只是产酸的问题，极有可能产毒——硫化氢。

由总碱度流失引起的 pH 降低的部分可通过补充碱度去解决，而二氧化碳积累造成的 pH 降低部分只能通过加大曝气量、或改善曝气条件、或优化曝气方法、或引入脱碳系统去解决。

养殖过程总碱度（碳酸碱度＋羟基碱度）降低是一种普遍现象。造成总碱度降低的原因包括：

（1）阳离子被吸收、沉淀，引起碳酸碱度降低。

水是电中性的，阴、阳离子在水体中是以等含量的比例存在的。当阳离子流失后，其相应的位置就由 H^+ 取代，引起水体中〔H^+〕〔OH^-〕重新平衡，导致〔OH^-〕减少，迫使碳酸系统平衡向产生二氧化碳方向移动：$CO_3^{2-} + 2H^+ \rightarrow HCO_3^- + H^+ \rightarrow CO_2 \uparrow + H_2O$。从而引起碳酸碱度流失。

（2）碳酸盐沉淀引起碳酸碱度降低：

$$M^{2+} + CO_3^{2-} \rightarrow MCO_3 \downarrow$$

养殖水体中有很多生物，其在生存、活动的微环境中会形成碳酸盐沉淀，直接消耗碳酸碱度。由于碳酸盐沉淀过程中阴阳离子是按等含量比例沉淀的，从而引起碳酸碱度不可逆流失（光合作用过程造成 pH 升高引起沉淀的碳酸钙，在呼吸作用过程中会重新溶解，是可逆的）。

（3）养殖系统中无机酸积累导致总碱度降低，也是生物絮团养殖系统中引起总碱度降低的主要因素。

生物絮团养殖过程中，随着氮循环生物系统的逐步完善，系统中硝酸开始积累。硝酸占据碳酸的位置，直接导致碳酸碱度流失：

$$2HNO_3 + (Ca^{2+} + 2HCO_3^-) \rightarrow (Ca^{2+} + 2NO_3^-) + 2CO_2 \uparrow + 2H_2O$$

硝化作用引起硝酸积累是导致总碱度流失的一个很重要因素。由硝酸积累造成的碳酸碱度流失可以通过检测硝酸含量来确定，每升 1 毫摩尔硝酸（或每升 14 毫克硝酸氮）将造成每升 50 毫克碳酸钙碱度流失。

第九节　补充碱度是个技术活儿

对于生物絮团养殖而言，硝酸积累是总碱度降低的主要原因。通常，处理的方法都是添加小苏打（碳酸氢钠）去中和硝酸。从理论上，添加碳酸氢钠是没有错：

$$NaHCO_3 + HNO_3 \rightarrow NaNO_3 + CO_2\uparrow + H_2O$$

但这里面存在两个问题：一是长期大剂量添加小苏打，养殖水体必然积累钠离子，有可能导致主要阳离子（钙、镁、钾、钠）之间失去平衡，对南美白对虾不利；二是在养殖后期，大量的饲料投入、南美白对虾生物量大，呼吸强度高，所产生的二氧化碳不能及时逸出水体，导致二氧化碳积累而引起 pH 降低，大剂量补充碳酸氢钠又进一步加重水体脱碳的负担。

碳酸氢钠作为硝酸中和剂，只有脱碳转化为强碱——氢氧化钠才能起到中和硝酸的作用：

$$NaHCO_3 \rightarrow NaOH + CO_2\uparrow$$
$$NaOH + HNO_3 \rightarrow NaNO_3 + H_2O$$

所以，添加小苏打的本质，就是添加氢氧化钠。为什么大多数工厂化养殖系统或生物絮团养殖系统不直接添加氢氧化钠而是添加小苏打呢？这是因为在一般情况下，添加中和剂是一次性的（如一天补一次甚至两三天补一次）。直接添加如此大量的氢氧化钠将造成养殖水体 pH 激烈波动，给养殖动物和生态系统造成不良后果。可以慢慢地添加小苏打，使其通过脱碳逐步转化为氢氧化钠而起作用，不至于引起 pH 的强烈波动。

生物絮团养殖系统中硝酸的产生可以看作是连续的，而补充碱度（或硝酸的中和）是间歇（不连续）的，所以，必须采用具有缓释作用的、温和的硝酸中和剂——重碳酸盐。但是，如果改变一下方式，即采用先进仪器监测硝酸产生速度（pH 监测即可），并少量连续流加碱性物质进行中和，则完全可以采用氢氧化钠作为硝酸中和剂，既降低成本、又减轻系统的脱碳负担。

补充碱度，需要科学与技巧。采用小苏打作为碱化剂，似乎是所有工厂化养殖或生物絮团养殖的一种约定俗成的惯例。然而，酸碱失衡是阴阳离子失衡的结果，前面说过，长期大剂量使用钠离子补充碱度有可能造成阳离子平衡失调。因此，采用什么阳离子作为碱化剂，应该根据具体养殖系统的水质属性来确定，才能真正做到科学调水。

如果养殖用水本身阳离子（钙、镁、钾、钠）不在最佳平衡状态，完全可以在利用补充碱度的时候加以矫正。例如，如果钾偏低，可采用碳酸氢钾或氢氧化钾作为碱化剂；如果镁偏低，可采用碳酸氢镁或氢氧化镁作为碱化剂；如果钙偏低，可采用氢氧化钙作为碱化剂。

饲料中含有 $10\%\sim15\%$ 的矿物质，这些矿物质大多数滞留在养殖系统中，长期大剂量的饲料投入也有可能逐渐改变水质属性，如何通过补充碱化剂来同时矫正饲料矿物质所引起的水质属性也值得研究和探讨。

如果养殖系统水质属性本身很理想，不想由于大剂量补充小苏打破坏原有的离子平衡，则在补充碱度的时候，完全可以按比例补充这些阳离子。即按水体中的钠：镁：钾：钙的含量比，补充相应的碳酸氢钠、碳酸氢镁、碳酸氢钾和氢氧化钙。1 千克碳酸氢钠＝0.87 千克碳酸氢镁＝1.19 千克碳酸氢钾＝0.44 千克氢氧化钙（按纯品计），或 1 千克碳酸氢镁＝1.15 千克碳酸氢钠、1 千克碳酸氢钾＝0.84 千克碳酸氢钠、1 千克氢氧化钙＝2.27 千克碳酸氢钠。

第十节　半生物絮团养殖模式

所谓"半生物絮团"养殖模式，就是养殖系统中的生物絮团净化能力不能完全支撑设计的养殖密度，当南美白对虾生长到一定规格、饲料投入达到一定数量后，生物絮团密度过大而难以为继，或所产生的氨氮即使补充碳源也无法保持平衡，不得不把每天产生的生物絮团或氨氮排掉一部分，以维持水体中合理的生物絮团密度和氨氮水平。

假设水体的生物絮团密度是 40 毫升/升，此时水体中的转化成生物絮团的氮含量为 40 毫克/升×1.8%×45%×1000/6.25＝51.84 毫克/升。排生物絮团与直接排氨氮的差别在于，排生物絮团就相当于排"高浓度"的氨氮。如果直接排氨氮，则 2.5 毫克/升的氨氮对于南美白对虾已经不安全了。所以，排生物絮团只需要直接排氨氮的用水量的 1/20（每天排 5%、40 毫升/升的生物絮团就相当于直接排 100% 的 2.5 毫克/升的氨氮），可以大量节约用水。代价是必须消耗碳源和氧气将氨氮转化为生物絮团，成本也不低。但这对于水资源有限或冬季需要加温的水体也是没有办法的办法。当然，每天换 $5\%\sim10\%$ 的生物絮团水还可以平衡离子（例如维持钙、镁、钾、钠之间的平衡）。

至于"自养硝化絮团"养殖技术，从理论上是行得通，但能不能在生产中实现是另外一回事。一般生物絮团系统对微生物的种类组成没有太严格的要求，但自养硝化生物絮团不仅需要对生物絮团中的微生物进行定向培养（亚硝化细菌和硝化细菌），而且对种群之间的数量上的比例，也有一定的要求。也就是说，自养硝化生物絮团的管理要比普通生物絮团复杂得多。

此外，自养硝化絮团是将养殖系统中的氨态氮转化为硝态氮而已，氮并没有离开养殖环境。任何离子浓度偏高对生物都会有影响。目前还查不到南美白对虾对硝酸盐的耐受能力。采用自养硝化生物絮团养殖必须搞清楚养殖水体中硝酸盐对南美白对虾的影响。

假设对虾饲料蛋白平均为 40%、全程饲料系数为 1（蛋白效率 40%）、最终产量为 6 千克/米³，从理论上计算，共投入对虾饲料 6 千克/米³，系统中将积累氮 6×400 克/米³×（1－40%）/6.25＝230.4 克/米³，其中 51.84 克以生物絮团的形式存在（假设水体的生物絮团密度是 40 毫升/升），230.4－51.84＝178.56 克以硝酸氮（氨氮忽略不计）的形式存在，中和这些硝酸需要小苏打 1 071.36 克/米²（178.56 克/Ar_N×Mr_{NaHCO_3}）。

养殖的目的是赚钱，追求高效益是天经地义的事情。在同等虾价的情况下，降低养殖成本、提高单位体积产量是取得效益的关键。

当系统生物承载量过高、饲料产生的污染大于养殖系统承载能力的时候，适当换水就成了一种必要的措施。然而，不同的养殖模式，换水达到的目的却不尽相同。如何科学换水，既达到换水的目的又能节约成本，是很值得研究的。就目前的情况而言，换水的目的大多是为了转移多余的氮。

（1）如果以氨氮的形式直接排放，由于低浓度的氨氮对南美白对虾有不良影响，所以水的交换率都比较大。对于高密度养殖系统，在养殖后期每天换水率一般都在 100%以上，这是传统上常见的"工厂化流水养殖"，依靠的是丰富的"水资源"，没什么科学技术含量可言。

（2）如果是采用半生物絮团养殖，其原理是将氨氮转化为生物絮团。这种养殖系统水交换的目的主要是移除固形物——多余的生物絮团中的蛋白氮，需要换的不是"水"本身，因此，可将絮团进一步浓缩再移除，这样可以降低水的交换率（也可采用设备只捞走生物絮团）。

（3）如果是采用自养硝化絮团养殖，其原理是将氨态氮转化为溶解于水体中的硝态氮。这种水交换的目的是移除非固形物——过多的硝态氮。由于硝化细菌长得很慢，换水时应该尽量保留生物絮团（硝化细菌群落）。

到目前为止，还没有发现一种微生物能将氨氮直接氧化成硝酸，基本上还是由氨氧化细菌将氨氧化为亚硝酸，再由硝化细菌将亚硝酸氧化为硝酸，但两种细菌生长速度不同。如果换水的时候将自养硝化生物絮团也换走，有可能导致系统中氨氧化细菌和硝化细菌的比例失调而引起系统紊乱。

因此，在养殖设施上，无论是异养同化半生物絮团养殖模式还是自养硝化生物絮团养殖模式，最好能有专门用于"水交换"的、带有生物絮团分离设施的沉淀池。异养同化半生物絮团养殖模式可以多回收上清水，排放沉淀物——带走以细菌蛋白形式的氮，这样可以降低抽水和冬季水体加热的成本；而自养硝化生物絮团养殖则应尽量只排放上清水——带走溶解于水体中以硝酸形式存在的氮，回收沉淀物（硝化絮团），这样可以维持系统硝化菌群的稳定，减少碱化剂的使用，从而降低成本。

总结归总结，推论归推论，任何规律都有例外。只有深入实践，才能有所发现、有所创新，才能真正掌握"絮团养虾"的精髓。不过，虽然说实践是检验真理的唯一标准，但这种检验是有前提的，那就是不要盲目实践，没有一定的基础知识就想用"实践"去检验连自己都还不理解的"真理"，完全有可能只是瞎折腾，不仅得出错误的结论，甚至还往往会否定真理！

生物絮团养虾看上去很简单，其实要真正理解、掌握、完全可控还需要假以时日并不断深入研究。今天我们还在初级阶段的生物絮团中被氨氮、亚硝酸、硝酸、pH、絮团密度过剩等问题搞得晕头转向，即使解决了这些问题，明天还会有新的问题出现。况且如果把生物絮团养虾系统看成是一个酒窖，天底下没有两个相同的酒窖，就是把茅台酒厂的工厂、工人连带酒窖搬回家里，也生产不出原汁原味的茅台酒。所以，每个从事生物絮团养虾的企业和养殖者要明白，虽然参观学习开阔视野很有必要，但机械地模仿是十分危险的。

养虾是一个系统工程，每个环节都关乎成败。但无论成功还是失手，往往都是细节问题。成功，要总结经验；失败，要找出原因。技术的成熟很重要，不要以为"成功了，是因为虾苗好、虾料好；失败了，是因为苗不好、料不好"，与技术、管理无关。可以十分肯定地说，世界上没有能保证养殖成功的"好苗、好料"，想把养虾做到极致，必需也只需一个字——"懂"——"懂虾、懂水、懂细菌"。生物絮团养虾模式在中国还只是起步，已经投资进行生物絮团养殖的朋友，请用心；准备进入这个领域的朋友，须慎重！

参 考 文 献

陆军，2010. 浅议使用生石灰清塘方法中的误区 [J]. 水产科技情报，37（5）：254-255.

姚允斌，解涛，高英敏，1985. 物理化学手册 [M]. 上海：上海科学技术出版社.

中国内陆水域渔业资源调查和区划编辑委员会，1990. 中国内陆水域渔业资源调查和区划 [M]. 北京：农业出版社.

清水康弘，1998. 硝酸盐地质改良实验 [J]. 福建水产（1）：76-79.

BURFORD M A，LORENZEN K，2004. Modeling nitrogen dynamics in intensive shrimp ponds：the role of sediment remineralization [J]. Aquaculture，229（1-4）：129-145.

NGA B T，LURLING M，PEETERS E T H M，et al.，2005. Chemical and physical effects of crowding on growth and survival of Penaeus monodon Fabricius post-larvae [J]. Aquaculture，246（1）：455-465.

彩图1 发黑底泥中的硫化氢

彩图2 经营了六年的地膜池塘

彩图3 赛克氏板测定池水透明度

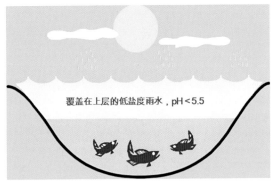

覆盖在上层的低盐度雨水，pH＜5.5

彩图4 白撞雨导致的分层和消层

彩图5 进入水厂的河水

彩图6　蓄水池曝气后的井水

彩图7　左边为氨氮、右边为pH

彩图8　左边为刚取的井水，右边为放置几个小时后的井水

彩图9　池塘底部翻耕

彩图10　养殖进水过程中的过滤

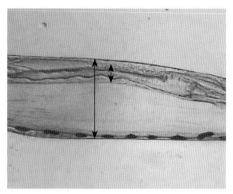
彩图11 南美白对虾虾苗的肌肠比

彩图12 满胃对虾

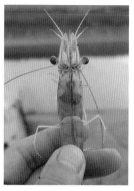
彩图13 半胃对虾

彩图14 钦州市郊尖山镇的虾塘

彩图15 用三角兜刮上来的池塘底部表层淤泥

彩图16 塘头空气增氧装置

彩图17　亚硝氮过高时塘养叉尾鮰的棕血病
（上为病鱼，下为对照）

彩图18　对虾工厂化养殖

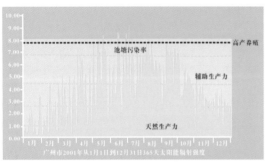

彩图19　可控生态与辅助生产力

彩图20　拉链改底

彩图21　虾苗打包过程中的高压和高氧应激

彩图22　虾苗放苗过程中的温度应激

彩图23　沉淀絮团

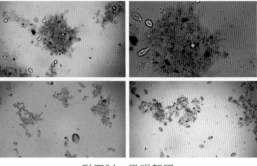

彩图24　微观絮团